二十几岁闯社会，你必须懂点变通思维

向宇◎著

文化发展出版社
Cultural Development Press
·北京·

图书在版编目（CIP）数据

二十几岁闯社会，你必须懂点变通思维 / 向宇著 .—北京 ：文化发展出版社，2025. 1. — ISBN 978-7-5142-4574-5

Ⅰ. B804-49

中国国家版本馆 CIP 数据核字第 2024PE6093 号

二十几岁闯社会，你必须懂点变通思维

著　　者：向　宇

责任编辑：孙豆豆　　　　　责任印制：杨　骏
特约编辑：滕龙江　　　　　责任校对：岳智勇
封面设计：周　飞
出版发行：文化发展出版社（北京市翠微路 2 号　邮编：100036）
网　　址：www.wenhuafazhan.com
经　　销：全国新华书店
印　　刷：永清县晔盛亚胶印有限公司

开　　本：880 mm×1230mm　1/32
字　　数：174 千字
印　　张：7
版　　次：2025 年 1 月第 1 版
印　　次：2025 年 1 月第 1 次印刷

定　　价：45.00 元
ISBN：978-7-5142-4574-5

前　言

生容易，活容易，生活却不容易。当今社会，一个人若想生活得洒脱，就必须掌握灵活变通的思维方式。许多年轻人在初入社会时，往往难以适应现实。他们经历了诸多挫折，尝尽了失败的苦果，不禁感叹生活和工作的艰辛。之所以如此，原因在于这些年轻人缺乏变通思维的能力。

变通思维是人际交往的基础，对有效沟通具有重要的指导意义。年轻人面对激烈的竞争和错综复杂的社会关系，如果缺乏变通思维，便容易四处碰壁，经常遭受来自各方面的质疑与责难。即使这个人才华横溢，也可能难逃失败的命运。唯有深谙变通思维，懂得做人做事之道，才能左右逢源，化解困境，获得他人的帮助，更快适应社会。

说起变通思维，有些人会误以为这是狡诈处世、违背良心做人，其实他们并没有真正理解变通思维的内涵。变通思维是一种在日常生活中形成的行为智慧，它源自与不同人群的社会交往，也来自社会冲突与社会发展的经验积累。在生活中，变通思维能够帮助我们缓解与他人之间的紧张关系，更容易让他人感受到与我们交往的愉悦。一个心智成熟的人往往通晓变通思维。他知道何时该退让，何时该表现；既不会锋芒毕露，也不会泯然众人；他不会每句话都虚情假意，但也不会全然倾诉所有心声；他既不会善良得软弱可欺，也不会骄横跋扈、凌驾他人。因此，变通思维绝非狡诈阴险的代名词，而是一种让人如沐春风、感到舒适怡人的智慧。正如南怀瑾先生所说："变通思维不是简单的圆滑处世，不是假意的虚伪逢迎，不是单纯地屈从于现实，而是真正懂得生活的意义，安然从容地走完自己的人生。"

人生不易，处世更难。唯有洞悉社会，掌握世事，通晓人情，方能看透人间冷暖，在种种事务中占得先机。对于年轻人来说，你可以没有超凡的智商，可以没有显赫的家世，但若深谙变通之道，能够妥善处理人与事，往往能在事业上更胜一筹。

世事洞明皆学问，人情练达即文章。二十几岁的年纪，是决定人生方向的关键阶段。年轻人应当注重吸取前人在变通思维方面的宝贵经验，以灵活而得体的方式为人处世，掌握必要的人际交往技巧。唯有如此，才能在错综复杂的社会中游刃有余，游走自如。

本书以通俗易懂的语言和贴近生活的实例，全面讲述了年轻人如何为人处世的智慧与方法。它将帮助你少走弯路，教会你用最和谐的方式与他人相处，为你在人生漫漫长路上保驾护航，愿你乘风破浪、披荆斩棘，最终抵达成功的彼岸。

目　录

第三章 顺应变通思维，做人要低调一点

第四章 先控制好情绪，再处理事情

第五章 做好人情文章——成在施情，败在无情

第六章 尽快脱去孩子气，培养成熟心态

第七章 三思而后“言”，成人以后不可再“童言无忌”

第八章 做事之前先“做人”，处世之前先“懂事”

第一章

好人在嘴上，会说话往往有好人缘

所谓变通思维，一半是在说话里

著名散文家朱自清先生曾说："人生不外言动，所谓人情世故，一半儿是在说话里。"由此可见，言语在生活中的重要性。

在当今这个高速发展的时代，无论是生活还是工作，会说话都是一项十分重要的能力。从应酬到闲聊，从谈判到说服，从交友到工作，都离不开良好的沟通技巧。一般来说，会说话的人善于运用灵活的思维方式，能够建立良好的人际关系，使自己占据主动，左右逢源，轻松达成预期目标；而不会说话的人则因为不懂得变通，常常说出不合时宜的话，不仅让他人感到不快，还给自己带来不必要的麻烦，影响了正常的人际交往。

于丽和周敏是同一家超市的营业员。虽然两人职位相同，但私下里，于丽由于家境稍好，总是表现出一副盛气凌人的样子，经常拿周敏开玩笑以寻求自我满足。

这天中午，于丽和周敏恰好坐在同一张桌子上吃饭。周敏饭量很小，吃完后，她向餐厅工作人员要了一个塑料袋，准备将剩下的饭菜打包回去作为自己的晚餐。于丽鼻子里"哼"了一声，高声说道："服务员，给我也拿个塑料袋。我家的小狗'西西'最喜欢吃这里的火腿炒饭，我打包回去，晚上它一定会很高兴。"说完，她还得意地瞟了周敏一眼。周敏低下头，默默地拿着打包好的饭菜走了出去。而旁边的同事目睹了这一幕，没有因此看不起周敏，反而纷纷远离于丽，选择坐到其他地方。

于丽的言辞显然带有侮辱性质，她将周敏与自己的宠物狗相提并论，这不仅伤害了周敏的感情，也使自己的形象在他人心目中“一落千丈”。事实上，于丽在贬低他人的同时，更是在贬低自己。

通常，我们评价一个人的好坏，往往通过他的说话行事。如果一个人精通变通思维，做事和说话都能拿捏得当，我们便会称他为“会做人的人”。反之，如果一个人言行处处让人难堪、下不了台，我们会认为他不懂变通思维，也不会做人。显然，上文中的于丽就不具备变通思维，更谈不上懂得如何做人。

从某种程度上说，会不会说话直接决定了一个人在他人心中的形象。如果你习惯口出恶语，甚至以讽刺他人来抬高自己，那么不仅无法提升自己在他人心中的形象，反而会成为他人厌恶的对象。相反，如果你的言辞随和、亲切真诚，你便容易在他人心中成为一个可爱且受欢迎的人。

古代有一位县官，某天晚上做了一个梦，梦见自己嘴里的牙齿全部掉光了。第二天，他吩咐手下找来两位解梦的人。县官问：“你们说说，为什么我昨晚会梦见自己满口牙齿全掉光了？”第一个解梦人不假思索，抢先答道：“大老爷，您的这个梦预示着，您所有的亲属都会先于您去世，一个都不剩。”县官听后勃然大怒，气急败坏地命人杖打这个解梦人，然后将他赶了出去。县官转头看向第二个解梦人，说：“你来说说。”第二个解梦人不慌不忙，恭敬地答道：“至高无上的青天大老爷，您的这个梦预示着，您将是您所有亲属中最长寿的那位呀！”县官听后大喜，立即赏了他一百两银子，并设宴款待他，之后才命人送他回去。

同样的事情，同样的内容，为什么一个人会挨打，而另一个人会受到嘉奖呢？其实，这只是因为挨打的人不懂得变通思维，不会表达；而受到嘉奖的人则精通变通思维，善于言辞。

某位知名主持人曾说："在这个江湖里混，你总得通晓变通思维。什么话能说，什么话不能说；什么话该这么说，什么话该那么说。不懂得变通思维，恐怕连生存都会变得困难。"由此可见，要想过得如意，我们必须学会灵活应对，掌握变通思维，并懂得如何好好说话。

无数事实证明：具备灵活变通思维的人，才是这个时代最受欢迎的群体。他们的言辞总是恰到好处、机智巧妙，让人如沐春风。这种能力，无疑是人生的一大资本。如果你也掌握了变通的思维方式和高明的说话技巧，你同样可以成为受人欢迎的人，在人际交往和处世之道上游刃有余。

把赞美挂嘴边，为别人贴金扑粉

在日常生活中，每个人都渴望听到赞美之词。当一个人受到真诚的赞美时，会产生积极的心理效应，例如性格变得更加开朗、热情、积极向上，并更愿意接近他人。我们可以利用这一心理特性，在交谈中适当地赞美对方，从而取得更佳的交流效果。

某电力公司的基德先生就曾巧妙运用赞美的策略，让一位原本对他态度冷淡的老太太心生好感，最终顺利完成了推销电力的任务。

那天，基德走到一座看起来富有且整洁的农舍前敲门。当时，户主布拉德老太太只把门打开了一条小缝。她一听说是电力公司的推销员，便猛地把门关上了。基德再次敲门，敲了很久，门终于又勉勉强强地打开了一条小缝，但他还没来得及开口，老太太就已经毫不客气地大声斥责起来。

经过一番调查后，基德又上门了。这次，当门再次开了一条缝时，他立刻说道："布拉德太太，非常抱歉打扰您，我这次来不是为了电气公司，而是想向您买一些鸡蛋。"老太太的态度明显缓和了许多，门也开得更大了一些。基德接着说："您家的鸡真是养得太好了，看它们的羽毛，多漂亮！这些鸡应该是某种名贵品种吧？能不能卖给我一些鸡蛋呢？"

门又开得更大了，老太太反问道："您怎么知道是名贵品种鸡呢？"

基德意识到自己的恭维已经奏效，于是更加诚恳而礼貌地回答："我家也养了鸡，但像您养的这么好的鸡，我还从没见过呢！而且，我家的鸡只会生白蛋。附近的人都说，只有您家的鸡蛋质量最好。夫人，您知道，做蛋糕必须用上好的鸡蛋。我太太今天要做蛋糕，所以我专门跑到您这里来。"老太太听后顿时眉开眼笑，高兴地从屋里走到了门廊。

基德利用这短暂的时间环顾了一下四周的环境，发现这里配备了一整套奶酪加工设备。他由此断定男主人一定是养牛的，于是继续说道："夫人，我敢打赌，您养鸡赚的钱一定比您先生养牛赚的钱还要多。"这句话让老太太心花怒放，几乎高兴得要跳起来，因为她的丈夫长期以来始终不肯承认这一点，而她却一直希望能把这个"事实"告诉别人，只是没人对此感兴趣。

布拉德太太立刻将基德视为知己，热情地带他参观了鸡舍。基德知道，他那番恭维的话已经成功地打动了对方。但在参观过程中，他依然不失时机地表达了由衷的赞美。

在他的赞美声中，老太太毫无保留地分享了她在养鸡方面的经验，而基德则表现得十分谦逊，认真地当起了学生。他们很快熟络起来，几乎无话不谈。在交谈中，老太太还向基德请教了使用电力的好处。基德结合养鸡的需求，详细地为她进行了解释，而老太太也听得十分专注。

两周后，基德在公司收到了老太太的用电申请。不久之后，老太太所在地区的用电申请者络绎不绝。老太太俨然成了基德先生的得力助手。

赞美别人不会让你花费一分钱，却常常能获得巨大的回报。这样的“无本万利”的生意，对每个人来说，都是一种值得尝试的“投资”。

赞美之所以能对人的行为产生深远影响，是因为它满足了人对自尊的需求。赞美是对个人行为的一种积极反馈，它能够带来满足感和愉悦的情绪，同时给予鼓励和信心，促使人坚持这种行为并不断努力。作为一种有效的激励方式，赞美能够激发和维持一个人行动的主动性与积极性。

莎士比亚曾经说过：“赞美是照在人心灵上的阳光。没有阳光，我们就无法成长。”赞美作为一种人际交往的社交技巧，可以说具有非凡的力量。给予他人真诚的赞美，不仅体现了对他人的尊重、期待与信任，还能促进彼此之间的了解与友谊，是协调人际关系的良好方法。

赞美之于人心，犹如阳光之于万物。在我们的生活中，人人都需要赞美，也都喜欢被赞美。这并非虚荣心的表现，而是人们渴望上进、寻求理解、支持与鼓励的自然反应。父母经常赞美孩子，家庭氛围便会更加和睦、欢乐；领导经常赞美下属，员工的积极性与创造力也会不断被激发和调动。

一句赞美的话能给人带来愉悦的心情，这无疑是一件值得高兴的事。然而，赞美并不等同于拍马屁，它是一门艺术。为了满足人们对赞美的渴望，我们需要掌握以下几个关键点：

1.深入具体

在日常交往中，我们常常会听到诸如“你这个人真好”或“你这篇文章写得真好”这样的赞美。然而，这些话究竟“好”在哪里，“好”到什么程度，或者为什么“好”，却没有具体说明。这种模糊的表达显得空洞，容易让人觉得你只是客套或敷衍。因此，赞美的话语应尽量热诚、具体，深入细致。例如，当你赞扬一个人穿衣服得体时，可以这样说：“这件衣服穿在你身上特别合适，颜色鲜艳，显得你整个人更精神了。”美国社会心理学家海伦·克林纳德认为，恰当的赞美需要具体化，并包含三个基本要素：你喜欢的具体行为；这种行为对你的帮助；你因此产生的良好感受。只有具备了这三个要素，赞美才不至于显得空泛，才能在对方心中留下深刻的印象。

2.实事求是

实事求是意味着赞美必须基于事实，这也是它与“阿谀奉承”的本质区别。阿谀奉承源于主观愿望，通常带有明显的讨好目的，即俗话所说的“拍马屁”。而真诚的赞美则建立在客观事实之上，是一种真实情感的流露，旨在使人感到愉悦，并促进情感交流。

3.措辞有度

赞美他人时一定要注意措辞得当，避免过于夸张，否则不仅难以打动对方，还可能引起反感。例如，你想夸奖对方的歌唱得好，如果直接说：“你唱歌真是全世界最好听的。”这种过于夸张的赞美可能让对方感到不自在。但如果换一种表达方式：“你的歌唱得真不错，挺有韵味的！”对方听了很可能有所启发，会感到由衷的高兴。

4.因人而异

由于人的素质、年龄等方面存在差异，赞美时应因人而异，突出个性化。有特点的赞美往往比泛泛的夸奖更能产生好的效果。老年人通常希望别人记住他们“当年”的成就与风采，与他们交谈时，可以多称赞他们引以为豪的过往经历；对于年轻人，可以稍微夸张地赞美他们的开拓精神，同时列举一些实例以证明他们的潜力无限；对经商的人，可以称赞他们头脑灵活、善于经营；对于知识分子，则可以称赞他们学识渊博、淡泊名利……当然，这一切都应以事实为依据，切忌虚浮夸张。

5.背后赞美

背后的赞美体现了一种对他人的真诚尊重。虽然可以直接在对方面前夸赞说：“你好棒啊！真了不起！”但由于这是人人常用的赞美词，效果可能并不显著。然而，如果在对方不在场时表达赞美，效果往往会更佳。例如，如果你非常佩服王小姐的工作表现，可以在与她的同事交谈时说：“王小姐的工作能力真是非常出色！”这种赞美会通过另一种途径传递到王小姐耳中，她听到后一定会感到高兴，并对你心生好感。

总之，在生活中，如果你乐于并懂得真心实意地表扬他人，能更好地激励周围的人，增进双方的关系，拉近彼此的距离。

善意的谎言不可少

一般来说，说谎是不诚实的表现，是一种不良的品质。谎言终究是谎言，不值得我们推崇。然而，善意的谎言却是出于善良的动机，以维护他人利益为目的和出发点。例如，对癌症患者隐瞒病情，说并非癌症，是为了避免他们受到刺激，导致病情恶化；对生病的孩子说药不苦，是为了让他顺利服药，从而治愈疾病；对老人说他显得年轻，是为了满足他的心理需求，让他生活得更加有劲头儿；即使妻子炒的菜稍微咸了，却说味道不错，是为了珍惜她的劳动成果，保持她对烹饪的积极性。

善意的谎言是一种处世方式，也是一种替人着想的品质。谎言如同生活的调味剂，在适当的时候说出的谎言，饱含真诚与关怀，能够让说谎者与被“欺骗”者共同感受到快乐。

有一年，一支英国探险队深入撒哈拉沙漠的某个地区。

在茫茫沙海中，他们负重跋涉。阳光炙热，漫天飞舞的风沙如同炽热的铁砂，扑打在探险队员的脸上。

人人都口干舌燥，焦虑万分——所有的水都已经耗尽了。

这时，探险队长拿出一个水壶，说：“这里还有一壶水。但在穿越沙漠之前，谁也不能喝。”

这一壶水，成了队员们穿越沙漠的信念源泉，成了求生的寄托。

水壶在队员手中传递，那沉甸甸的重量让濒临绝望的他们重新燃起希望，脸上浮现出坚定的神色。最终，探险队顽强地走出了沙漠，挣脱了死神的掌控。

大家喜极而泣，用颤抖的手拧开了那个支撑他们精神与信念的水壶——缓缓流出来的，却是一壶沙子！

在这个例子中，若没有探险队长的善意谎言，队员们很可能早已失去生存的希望。正是这一丝微弱的希望，让他们在与死神的搏斗中取得了最后的胜利。因此，在某些情况下，说一些善意的谎言是完全有必要的，因为它能给予他人幸福与希望。

人生的道路并非一帆风顺，逆境往往多于顺境。身处逆境、面对不幸，当事人不仅需要坚强，更渴求他人的安慰与支持。而在关键时刻送上真诚的安慰，甚至必要时说出几句善意的谎言，无异于雪中送炭，可以为不幸者带来温暖、光明与力量。

善意的谎言，其初衷无疑是善良的，目的是为了减轻不幸者的精神痛苦，帮助他们重新燃起生活的勇气。即使事后对方知晓了真相，也往往只会心存感激，而非心生怨怼。即便当时半信半疑，甚至明知是谎言，通情达理的人仍能感受到温暖与慰藉。反之，若明知实话会加重对方的精神负担，却仍直言不讳，这虽非恶意之语，却未免显得愚蠢与欠考虑。

因此，诚实需要根据时间、地点、对象以及所述内容来判断。俗话说："适当的谎言是权宜之计。"在某些场合，说谎是有必要的，这是一种通达人情世故的表现。有时，谎言并不一定是坏事。在人际交往中，绝对的诚实往往并不存在，反而某些谎言或善意的假象能够促进亲情、友情和爱情的发展，这样的例子在生活中比比皆是。

有一天，五岁的约翰在街上玩耍时，由于疏忽大意，被一辆飞驰而来的卡车撞倒了。经过医生全力抢救，他的生命虽然保住了，却失去了双手和双臂。

两年后，约翰到了入学的年龄。然而，由于肢体残疾，他无法像其他孩子一样正常地学习和生活，因此被学校拒之门外。

每天清晨，约翰看着伙伴们兴高采烈地从他家门前走向学校，心中感到无比伤感。他用充满期盼和无助的眼神问妈妈："妈妈，我的胳膊和手都没有了，我该怎么办呢？"

妈妈轻轻拍了拍他的肩膀，语气温柔而坚定地说："孩子，不要着急，只要你坚持锻炼，你的胳膊和手一定会再长出来的。"听了妈妈的话，约翰的脸上绽放出灿烂的笑容。

于是，在妈妈的帮助和指导下，约翰开始了艰苦的锻炼，学着用脚洗脸、吃饭、写字，以及做一些自己能力范围内的事情。约翰心中充满了希望，他坚信，只要努力练习，失去的胳膊和手会重新"长"出来。他牢牢记住了妈妈的话。

几年过去了，约翰发现胳膊和手依然没有长出来，袖口还是空荡荡的。他感到有些困惑，忍不住问妈妈："妈妈，怎么回事呀？我的胳膊和手怎么还没有长出来呢？是不是我不够努力？"

这一次，妈妈的眼神依然充满了温暖和希望，她轻声说道："孩子，你好好想一想，别人用胳膊和手做的事情，你不也都能做到了吗？"

"是的！我用脚代替了胳膊和手，而且有些事情还比其他小伙伴做得更好呢！"约翰自豪地回答。

妈妈微笑着说："你自己想一想，你的胳膊和手有没有'长出来'呢？听着，孩子，每个人都有一副坚强的臂膀和一双有力的手，而这些都藏在我们的心里。只要你愿意，它们就能帮助你战胜一切困难和挫折。"

男孩终于明白了，妈妈并没有骗他。经过不断的努力，他的“胳膊”和“手”早已“长”在了心里。它们是永远不会断的！从此，约翰更加刻苦学习，那无形的胳膊和双手帮助他一次次克服困难，最终他考上了大学，并拥有了幸福美满的人生。

这就是善意谎言的力量。善意的谎言能够掩盖事实的悲伤或丑陋，使生命如花般绽放，这是一种何等的美丽与伟大啊！因此，在我们的生活中，不妨适时地运用善意的谎言，让生活因这些谎言而增添温暖与美好。

很多时候，善意的谎言对于我们而言，是一种不可或缺的“润滑剂”。它为我们的生活增添了幸福与和谐，避免了许多不必要的矛盾与尴尬。不仅如此，善意的谎言还能为绝望的人带来希望，为自卑的人注入信心，为懦弱的人增添勇气。因此，在真诚待人的前提下，我们也可以在适当的时候选择说一些善意的谎言，以此让生活更加融洽。

投其所好，达己所愿

在人际交往中，聪明的人往往会根据不同人的性格和喜好，适当地迎合他人。在他们看来，投其所好并不意味着放弃自我个性，而是一种融洽人际关系的策略。

投其所好最关键的是找到切入点，切不可像盲人摸象般胡乱谈论。投其所好的最佳方式是与对方谈论他最感兴趣的事物。

宋小姐是某房地产公司总裁的公关助理，奉命聘请一位享有盛名的园林设计师为公司担任设计顾问。然而，这位设计师已退休多年，且性情清高孤傲，普通人难以说服他接受邀请。

为了赢得这位老设计师的好感，宋小姐事先做了一番细致的调查。她了解到老设计师平日酷爱作画，于是花了几天时间阅读了几本关于国画的书籍。宋小姐来到老设计师家中时，起初老设计师对宋小姐的态度十分冷淡。宋小姐假装不经意地注意到老设计师画案上摆放着一幅刚完成的国画，便一边欣赏一边赞叹道："老先生的这幅丹青，构图新颖，意境深远，实在是一幅佳作啊！"这一番真诚的赞美让老先生心生愉悦，也激起了他的自豪感。

接着，宋小姐说道："老先生，您是学清代山水名家石涛的风格吧？"这一提问进一步激发了老设计师的谈话兴趣。果然，他的态度发生了转变，话也逐渐多了起来。随后，宋小姐顺势深入探讨相关话题，层层推进，环环相扣，使两人的交流愈发融洽。最终，宋小姐成功说服了老设计师，接受担任该公司的设计顾问一职。

在这个过程中，宋小姐因人而异，从"国画"这一切入点着手，巧妙地引发了对方的共鸣，从而顺利实现了自己的目标。

每个人在某些方面都有独特的兴趣爱好。在人际交往中，找到并实现双方兴趣的契合点至关重要。只要双方对某件事物有共同的热爱，就更容易拉近彼此的距离，增进感情。这种逻辑不仅适用于情感的融洽，还可以延伸到其他领域的合作。

因此，要让他人与我们合作，必须让对方心甘情愿。为了达到这个目的，我们有时需要设法迎合对方的兴趣，投其所好。这样，我们才有可能从多方面影响对方，打动对方，从而让事情按照我们的预期发展。

以美国著名柯达公司创始人乔治·伊斯曼为例。他曾捐巨资在罗彻斯特建造了一座音乐厅、一座纪念馆和一座剧院。为了承接这些建筑物内部座椅的制造订单，许多商家展开了激烈竞争。然而，所有前来洽谈的商人都铩羽而归，一无所获。就在这样的情形下，“优美座位公司”的经理亚当森出面，与伊斯曼会面，希望能够争取到这笔价值9万美元的订单。

伊斯曼的秘书在引见亚当森之前，对亚当森说道：“我知道您急于想要争取这笔订单，但我必须提醒您，如果您占用了伊斯曼先生超过五分钟的时间，后果可能不妙。他是个非常严厉且忙碌的人。所以，您进去之后一定要简明扼要。”亚当森微笑着点头表示明白。

当亚当森被引进伊斯曼的办公室时，他看到伊斯曼正埋头处理桌上的一堆文件，便安静地站在一旁，仔细地观察这间办公室。过了一会儿，伊斯曼抬起头来，注意到了亚当森，随即问道：“先生，有什么事情吗？”秘书简单地介绍了亚当森后便离开了。这时，亚当森并没有立刻谈及生意，而是微笑着说道：“伊斯曼先生，刚才等您的时候，我仔细观察了您的办公室。我从事室内木工装修多年，但从未见过像您办公室这样设计精致的地方。”伊斯曼听后笑着答道：“啊！您提醒了我一件差点儿被忙碌生活遗忘的事。这间办公室是我亲自设计的。当初刚建成时，我非常喜欢，但后来因为忙于工作，已经好几个星期没仔细欣赏过它了。”亚当森走到墙边，用手轻轻抚摸了一下木板，说道：“我猜这木材应该是英国橡木吧？意大利橡木的质感和纹理可不是这样的。”“没错！”伊斯曼高兴地站起来答道，“这些木材是从英国进口的。我有一位专门研究室内橡木的朋友，他特意去了英国帮我挑选和订购的。”

伊斯曼心情极好，便带着亚当森仔细参观起办公室。他逐一向亚当森介绍办公室内的装饰，从木材的选择谈到设计的比例，再从比例谈到色彩搭配，从工艺细节谈到价格，最后还详细讲述了自己的设计过程。亚当森微笑着聆听，表现出极大的兴趣。当他看到伊斯曼兴致勃勃，便好奇地询问起他的个人经历。伊斯曼随即向他讲述了自己充满艰辛的青少年生活，描述了母子二人在贫困中如何挣扎生存，以及他发明柯达相机的过程，还提到他计划为社会捐赠巨额财富的宏愿。亚当森真诚地赞扬了伊斯曼的公益精神。秘书曾提醒亚当森，谈话时间不要超过五分钟。然而，两人谈得十分投机，从一个话题延续到另一个话题，时间很快便过去了一个小时，又一个小时，直到中午时分。最后，伊斯曼对亚当森说道：“上次我在日本买了几把椅子，放在家里的走廊上。由于长时间日晒，椅子已经脱漆了。昨天我特意上街买了油漆，打算自己重新给它们上漆。您有兴趣看看我的油漆手艺吗？来我家一起吃午饭吧，顺便看看我的作品。”

午饭后，伊斯曼亲自动手，将椅子一一重新上漆，并为自己的成果感到非常自豪。直到亚当森告别时，两人都没有提及任何生意上的事。然而，最终亚当森不仅获得了这笔订单，还与伊斯曼结下了深厚的友谊。

那么，为什么亚当森能赢得这笔大生意，而其他人却没有？这与亚当森的沟通技巧密切相关。如果他一进办公室就直接谈生意，很可能会被拒之门外。亚当森成功的秘诀在于，他充分了解谈判对象的心理。他从伊斯曼的办公室布置入手，巧妙地赞扬了伊斯曼的品位与成就，更多地围绕伊斯曼感兴趣的话题展开谈话，从而极大地满足了对方的自尊心，使伊斯曼视他为知己。最终，这笔生意自然非亚当森莫属。

要让对方喜欢你，原则上应以对方感兴趣的事情为话题，让他感受到自己的重要性。在满足对方自尊心的前提下，许多问题将迎刃而解。

通常情况下，人们一旦遇到自己感兴趣的话题，往往会表现出极大的热情；但如果对话题毫无兴趣，即使对方再热情洋溢，自己也可能感到无聊甚至昏昏欲睡。因此，在请求他人帮忙的过程中，应设身处地地为对方着想，选择能够吸引对方兴趣的话题，借此抓住对方的注意力，并激发其好奇心。这样，不仅可以在短时间内拉近彼此的距离，还能有效化解心理上的隔阂，从而使交流更加顺畅。

当然，从对方感兴趣的话题入手是一个不错的开始，但这也引出了一个潜在的问题：如果你对这个话题不感兴趣，或者与你的观点相左，该怎么办？要知道，这种情况很容易引发争执。因此，在刚开始交谈时，不仅可以选择双方都感兴趣的话题，还要确保这是一个双方观点一致的话题。即使你对这个话题并不感兴趣，也应该表现出应有的礼貌；如果你持有不同的看法，也最好暂时保留自己的意见，不急于表达出来。

用幽默展现人格魅力

在生活中，什么样的人更容易受到欢迎？答案是具有幽默感的人。

擅长变通思维的人通常深谙幽默的力量，并且善于将其发挥得淋漓尽致。一句恰到好处的幽默，不仅能缓解紧张的氛围，还能展现一个人的智慧与修养。

在日常交往中，适度的幽默能够帮助建立良好的人际关系。

幽默是人际交往中的“吸铁石”，能够吸引周围的人靠近你；它也是一种“转换器”，能够将痛苦转化为欢乐，将沉闷转化为愉悦。试想，有谁不希望自己的朋友能时常让自己会心一笑呢？

作家纪伯伦曾说过：“大智慧是一种大涵养，有涵养的人才善于学习。我们从健谈的人身上学到了幽默。”幽默的谈吐是社交场合中不可或缺的智慧，幽默风趣的人往往更受人欢迎。

一天，吴兰应朋友刘丽的邀请，参加她在家中举办的家宴。由于这是刘丽第一次在家中宴请客人，她的家人显得有些紧张和拘谨。

吴兰见状，幽默地说道：“刘丽邀请我时告诉我：‘你到了之后，只需用手肘按门铃就行。’我问她为什么非得用手肘按，她说：‘你总不会空手来吧？’”

这句玩笑话立刻引得刘丽和她的家人哈哈大笑，气氛也随之轻松起来。

幽默是一种融合智慧与快乐的力量，它让人与人之间更具感染力，犹如仙子头上的光环，彰显出人性的光彩与魅力。

这世上还有什么比欢笑更能感染人呢？只要你掌握了给人带来快乐的方法，你就更容易获得他人的接受和肯定，成为社交场上有影响力的人。“百万富翁的创造者”拿破仑·希尔曾经说过：“如果你是一个幽默的人，那么你就会轻而易举地影响你周围的人，让他们永远喜欢你；如果你是一个悲愤的人，即使你身边充满了欢乐的海洋，你也会视而不见。”

当你与别人一起笑时，感情就能在彼此之间得到交流。许多人之所以受人喜欢，让人愿意与之交往，不仅因为他们是极有才华的人，更主要的原因往往在于他们的幽默能够活跃气氛，给人留下深刻的印象和美好的回忆，使得初次交往就像朋友之间的友好聚会。

在与人交流时，多使用一些幽默的语言，不仅可以消除人与人之间的疏离感，还能达到人我交融的美好境界。许多政治家、教育家、艺术家以及谈判家都深知，如果将幽默的神奇力量融入沟通中，就能让自己更容易被他人接受、亲近，更富有人情味。

有一次，英国著名侦探作家柯南·道尔（侦探福尔摩斯的塑造者）在巴黎叫了一辆出租马车。他先将旅行包扔进车里，然后坐了上去。

赶车人问道："柯南·道尔先生，您要去哪儿？"

"您认识我？"作家非常诧异地问。

"不，从来没有见过。"

"那您怎么能一下子叫出我的名字呢？"

"这个嘛，"赶车人不慌不忙地说，"我在报纸上看到您在法国南部度假的消息；注意到您是从马赛开来的一列火车上下来的；观察到您的皮肤黝黑，这表明您在阳光充足的地方至少待了一个多星期；再从您右手指上的墨水渍推断，您一定经常写作；此外，您还具有外科医生那种敏锐的目光，并穿着英国式样的服装……"说到这里，赶车人顿了顿。

柯南·道尔惊讶地说："您居然能从这些细微的观察中认出我来，真是太神奇了，您简直和福尔摩斯不相上下！"

"当然，还有一个非常重要的事实。"赶车人接着说道。

“什么事实？”

“旅行包上写着您的名字。”

听到这里，作家和幽默的赶车人都笑了起来，两人之间的陌生感瞬间消散，开始了一段愉快的巴黎之旅。

上文中的两个人正是巧妙地运用了幽默的语言，使彼此之间产生了许多温馨的情感，并留下了较为深刻的印象。

幽默的人往往能给人一种如沐春风的感觉，而正是这种感觉能够彰显出一个人的人格魅力。幽默可以形成一种吸引力的磁场，使他人对你产生认同感，而这种认同感会在潜移默化中帮助你积累更加丰富的人脉资源。

幽默存在于生活的方方面面。我们不得不承认，一个善于运用幽默的人往往充满魅力。一位心理学家曾说：“如果你能让一个人对你产生好感，那么你就有可能让周围的每一个人，甚至全世界的人，都对你产生好感。只要你不是靠四处与人握手寒暄，而是通过你的友善、机智和风趣来传播关于你的信息，那么空间的距离便会不复存在。”

1990年，中央电视台邀请中国台湾艺人凌峰先生参加春节联欢晚会。当时，许多观众对他还较为陌生。然而，他凭借一段妙趣横生的自我介绍，迅速赢得了观众的认可，并受到了热烈的欢迎。

他这样说道：“在下凌峰……这两年，我大江南北走了一趟，男观众对我的印象特别好，因为他们见到我会感到些许优越感。本人这个样子对他们没有构成威胁，所以他们很放心。（大笑）他们认为我长得非常中国，（笑声）仿佛中国五千年的沧桑和苦难都写在我的脸上了。（笑声、掌声）一般来说，女观众对我的印象不太好，有些女观众甚至对我

的长相已经到了‘忍无可忍’的地步。（笑声）她们觉得我是‘人比黄花瘦，脸比煤球黑’。（笑声）

“不过，我要特别声明，这并不是我的错，而是我父母的失误。当初，他们并没有征得我的同意，就把我生成了这个样子。（笑声、掌声）但是，时代在变，潮流在变。现在的男人基本上可以分为三种类型：第一种，你看上去很漂亮，但看久了也就那么回事，这种人就像我的好朋友刘文正；第二种，你看上去很难看，时间长了还是越看越难看。第三种，你看上去很难看，但看久了以后你会发现，他有另一种男人的味道。这种人就是在下。（笑声、掌声）鼓掌的都表示同意了！鼓掌的肯定都是一些长得和我差不多的。（笑声）真是物以类聚啊！”（笑声、掌声）

这段话嬉笑而不失分寸，妙趣横生，令观众捧腹大笑。

凌峰以“自我开炮”式的自嘲风格进行自我介绍，运用诙谐的语言让听众倍感亲切，无形中拉近了与听众之间的距离。相比那些自我抬高、炫耀式的介绍，这种自嘲的方式更能达到幽默自己、愉悦他人、增进关系的效果。

富有幽默感的人总是令人印象深刻且备受欢迎。他能够使枯燥的会议氛围变得轻松活跃，使朋友间的聚会更加热闹有趣；能让严肃的上司放松紧绷的面容，也能缓解拘谨下属的紧张情绪。与这样的人相处，无论是初次见面，还是久别重逢，总会让人感到轻松愉快。试问，这样的人怎能不招人喜爱呢？

因此，不妨学着适当地掌握一些幽默的技巧，为生活增添几分风趣与诙谐。如果在初次见面时，你能用巧妙的言辞让对方开怀一笑，那么接下来的交往将会更加轻松愉快。

婉转含蓄——绕弯说服的艺术

说话委婉含蓄，是一个人成熟稳重的体现，也更容易赢得他人的认可与信任。

委婉是一种既温和婉转又能清晰表达思想的谈话艺术。它的显著特点是“言在此而意在彼”，能够引导对方领会你的话语，体会其中的言外之意。从心理学的角度来看，委婉含蓄的表达，无论是提出自己的看法还是对他人进行劝说，都能够较好地顾及对方心理上的自尊感，使对方更容易认同并接受你的观点。

吴小姐是某商场的一名服务员。一天，商场正在举办儿童玩具促销活动，柜台前挤满了顾客。这时，一个孩子突然伸手抓起一件玩具就跑。不一会儿，孩子连同玩具被相关工作人员带了回来。此时，周围聚集了许多顾客，他们既为这个孩子感到担忧，又想看看服务员会如何处理这件事情。

孩子拿走商场的物品，多半是因为年幼无知。这种情况如果处理得过于严厉，可能会伤害孩子的自尊心，还容易引起周围人的同情和不满；但若完全不加以处理，既不符合商场的规定，也可能让孩子养成不良的习惯。

这无疑是个难题。吴小姐思考片刻，面带微笑地走到孩子身边，轻轻拉起他的手，温和地说道：“小朋友，你喜欢这件玩具吗？”“喜欢。”孩子答道。“小朋友自己拿玩具好不好？”“不好。”孩子不好意思地低下了头。

“对了，以后小朋友喜欢什么玩具就告诉阿姨，阿姨帮你拿，好吗？”“好。”孩子高兴地回答，并将玩具递给了吴小姐。

这件本来十分棘手的事情，被吴小姐处理得既巧妙又得体。她用亲切而委婉的话语，不仅成功要回了丢失的商品，还维护了孩子的自尊心，同时不失时机地对孩子进行了一番教育，赢得了周围顾客的一致好评。

其实，每个成年人心中都保留着某种孩童般的心理：听到赞美的话会感到高兴，听到批评则难免不舒服。只不过，成年人的情绪表达不如孩子那样外露罢了。因此，在我们试图说服他人时，一定要讲究方式方法，尽量委婉表达，避免伤害对方的感受。

在经济危机时期，有一位女孩好不容易找到了一份卖珠宝的工作。一天，店里来了一位衣衫褴褛的顾客，他满脸愁容，用一种羡慕而又无奈的目光盯着那些高级首饰。

女孩用抹布擦拭柜台时，一不小心将一个装有六枚钻石戒指的托盘打落在地上。她连忙捡起其中的五枚，但第六枚无论如何也找不到。这时，她注意到那位衣衫褴褛的男子正朝门口走去，顿时意识到戒指可能被他拿走了。当男子即将推门而出时，她柔声说道：“先生，请您留步。”

男子转过身来，两人对视无言。几十秒后，男子终于咬着牙挤出几个字，问道：“有什么事吗？”

“先生，”女孩神色黯然地说道，“最近经济萧条，找一份工作真的很不容易，想必您也深有体会，是不是？”

男人久久地审视着她，终于，一丝微笑浮现在他的脸上。他说：“是的，确实如此。不过我确信，你在这里会做得很好。我可以为你送上祝福吗？”他说着，向前迈了一步，伸出手，那枚钻石戒指正静静地躺在他的掌心。

“谢谢您的祝福。”女孩立即也伸出手，两只手紧紧地握在一起。女孩用柔和的声音说道：“我也祝您一切顺利！”

男人转过身，推开门走了出去。女孩目送他的身影消失在门外，随即转身走到柜台，把手中握着的第六枚戒指轻轻放回原处。

这个故事中的女孩是睿智的。她很懂得照顾对方的情面，没有直接开门见山地索要戒指，而是委婉地指出男子的错误，同时道出自己的处境——找工作不容易。这样一来，她给对方留了一个体面的台阶下，也让对方感同身受。而那位男子也珍惜了这个没有当众难堪的机会，体面地纠正了自己的错误。

面对类似的情况，直接陈述观点可能不太合适，这时可以选择委婉含蓄的表达方式。这种方法既能避免伤害他人的自尊，又能清晰传递自己的想法，使自己的言辞显得更加高明。

含蓄是一种语言艺术，讲究“言有尽而意无穷”，它往往将深意隐藏在不言之中。通过对某些重要内容的巧妙隐晦表达，既不直白露骨，又能让对方明白自己的意图，这正是“只可意会，不可言传”的精妙所在。实际上，一条蜿蜒的小径往往比一览无余的宽阔大道更令人愉悦。同样，“委婉含蓄”的表达比起“直白倾吐”更显智慧。

委婉含蓄的语言不仅是劝说他人的良方，还能照顾到他人心理上的自尊，更容易赢得认同。换句话说，委婉含蓄的表达是一种成熟稳重的表现。因此，在不便直言的情况下，学会用委婉的语言表达自己的想法尤为重要。

不做冷场王，学会“打圆场”

社交中，难免会遇到一些突如其来的意外情况，比如有人犯错或处于尴尬境地，尤其是在众人面前，难免下不来台。此时，如果你能够及时站出来替对方“补台”，也就是巧妙“打圆场”，将尴尬机智化解，这不仅能保全对方的颜面，还会赢得对方的好感。这样一来，你也很可能迅速成为交际场中的焦点人物。

一次老同学聚会，大家见面分外亲切，聊得十分融洽。这时，一位男士突然对一位女士半开玩笑地说道：“你当初可是主动追求我的，现在还想着我吗？”按理说，在老友重逢的轻松氛围中，这些话虽然有些不妥，但并不至于引发大的不快。然而，这位女士由于某种原因心情不佳，脸色顿时一变，愤然说道：“你神经病！谁会追求你这种心理龌龊的人！”

她的声音很大，在场的人纷纷惊讶地看向她，气氛一下子变得尴尬而冷场。这时，另一位女士站了起来，巧笑倩兮地说道：“我们小妹的脾气还是一点没变啊！她喜欢谁，就总爱说谁是神经病，说得越凶就越说明她越喜欢。小妹，我说得对吧？”她的一番话，轻松化解了尴尬，让大家不禁想起大学时的美好时光。众人随即七嘴八舌地回忆往事，互相开起玩笑来，原本紧张的气氛也随之被欢声笑语所取代。

从这个事例中可以看出，为别人“打圆场”其实是在为自己积攒“人情”。那些懂得变通、富有同理心的人总能抓住时机，及时为他人排忧解难，同时也为自己赢得更多的友谊与信任。

“打圆场”是一种体现人情练达、通晓世故的智慧，能够缓和当事人之间的僵持气氛，将矛盾悄然化解，甚至对整体局势起到调节和缓解的作用。

要想成功地打圆场，需要根据实际情况灵活应对：可以用幽默的话语转移话题，营造轻松的氛围；也可以指出各方观点的合理性，强调事件的可理解之处；还可以巧妙曲解对方话语中的含义，提供一个双方都能接受的解释；或者肯定双方看法的合理性，寻找一种令双方都满意的解决方案。

李明和张亮在同一家公司工作，因策划一场会议而产生分歧。一开始，两人还以商量的语气交流，试图用自己的观点说服对方。然而，随着讨论的深入，气氛逐渐紧张，双方都不肯让步，仿佛不证明自己的方案优于对方的就无法罢休。

这时，坐在一旁的同事刘荧荧察觉到情况不妙，便主动凑过来打圆场。她说：“你们谁也别争了，先听听我的想法。我觉得你们之所以争论不休，是因为没有真正理解对方的意思。”接着，刘荧荧分析了两人观点的优点和不足，李明和张亮也表示认可。最后，她总结道：“其实很简单，把你们的优点结合起来就行了。”最终，大家达成了一致意见。

这个案例表明，如果直接要求李明和张亮承认对方观点的合理性，可能会让他们感到难以接受，因为这会使其中一方觉得自己处于劣势。而通过刘荧荧的分析，双方在心理上找到了一种平衡：既承认自己的不足，又不否定对方的缺陷。这样一来，接受彼此的观点就变得更加容易了。

在社交活动中，适时地提供一个恰当的台阶，让人免于失面子，是打圆场的重要原则。帮助他人“打圆场”不仅能赢得好感，还有助于缓和气氛。然而，在帮助他人“打圆场”时，也需注意一些关键点：

1. “打圆场”必须公平公正，不偏不倚，只有这样才能让双方感到你没有偏袒，愿意接受你的调解。

2. 理解双方的情绪，针对他们各自的优点给予肯定，才能让双方都心情愉快，满足心理需求。否则，可能适得其反，甚至火上浇油，还不如不说。

总之，打圆场需要用心体会、仔细揣摩，从现场找到化解矛盾的关键点，使双方都能放下芥蒂，继续前行。

第二章

礼多人不怪，彬彬有礼总是受人欢迎的

礼貌待人，学会使用谦词和敬语

礼貌是人们在频繁交往中表达尊重与友好的行为规范，是交际中语言与举止谦恭、得体的体现。礼貌如同一块敲门砖，不断为你敲开友谊之门，使你在人际交往中游刃有余。正如德国谚语所说："有礼貌的人能走遍天下。"如果希望建立良好的人际关系，首先要学会礼貌待人。

一个新生来到北京大学报到，由于需要去某个地方填写表格，他的随身行李一时无处安放，感到十分焦急。这时，他忽然看到一位踽踽独行的老人，便没有打招呼，直接说道："帮我看着行李。"老人默默地答应了，一直守着行李，直到这个小伙子回来。没想到，小伙子回来后，轻松地提起行李，连一句"谢谢"都没说。令他意想不到的是，在开学典礼上，他再次看到了这位老人。老人站在台上，目光慈祥地注视着台下的莘莘学子。主持人介绍说，这位老人正是我国著名的文化泰斗——季羡林先生。

如果说，在象牙塔里，某些无礼的行为尚且可以被宽容的话，那么走上工作岗位后，再习惯性地做出令人反感的举动，恐怕就不会有这样的好运了。俗话说："有礼走遍天下，无礼寸步难行。"从这个意义上讲，没有礼貌的人在社会中将步履维艰。生活中，这样的例子比比皆是：仅仅因为一次小小的礼貌疏忽，就可能让自己的形象在他人心中大打折扣。相反，一个有礼貌的人往往能够轻松获得他人的认可与接纳。他们不仅能为他人带来温暖，也会让自己感受到由内而外的愉悦。

礼貌是通过语言或行动表现出来的对他人的尊重，反映了一个人的道德品质和文化修养，这是内在美的体现。有些人外貌并不出众，却十分讨人喜欢，其中一个重要原因就是他们态度文雅热情，言谈文明和气，举止端庄大方，让人乐于亲近。

有一位母亲给儿子取了一个小名，叫“大家好”。每次儿子从学校回家，母亲总是习惯地说：“大家好回来了！”当母亲带着儿子外出时，也常亲切地喊：“大家好！”每当母亲叫“大家好”的时候，儿子总会注意到周围的人对母亲报以微笑和致意。

儿子问母亲：“这是怎么回事呢？”母亲回答说：“常说‘礼多人不怪’，你向别人问好，别人也会友好地回应你。有时候遇到人多，不能一一问候，用‘大家好’就可以让在场的所有人都感受到你的好意。我给你取这个名字，其实就是为了让你记住，做人要懂礼貌，多向人问好。”

俗话说：“礼到人心暖，无礼讨人嫌。”一个人是否礼貌，反映了一个人是否具有道德修养。当你养成良好的礼貌习惯，掌握相应的礼貌知识后，你做事会更加顺利，也更容易享受到生活的快乐和成功的喜悦。如果缺乏良好的礼貌习惯，则可能被他人视为缺乏修养而遭到排斥，甚至引发不愉快的事情，自己也得不到任何好处。正如列宁所说：“礼貌是数百年来人们所熟知的，是数千年来在各种处世格言中反复提到的起码的公共生活原则。”因此，我们必须养成礼貌待人的好习惯。

语言是思想的衣裳，它能够展现出一个人的高雅或粗俗。如果你想与他人建立情感的桥梁，使社交更加顺畅，就应当得体地运用礼貌谦词。

在日常生活中，常用的礼貌用语包括“您”“请”“谢谢”“对不起”“你好”等。例如，对父母、老师和其他年长者要称呼“您”；请求别人帮助时，要用商量的语气说“请”；当得到别人的帮助时，要说“谢谢”；当别人向你表示感谢时，要回答“别客气”；如果给别人造成了妨碍或麻烦，要说“对不起”“麻烦您了”或“请原谅”；当别人向你赔礼道歉时，则应回答“没关系”或“不要紧”。

除上述以外，文明礼貌用语还有很多，如“您好”“劳驾”“我可以……”“再见”“欢迎光临”等。只要我们适时使用，就能获得意想不到的回报。

总之，礼貌用语是尊重他人的具体体现，也是建立友好关系的敲门砖。因此，多使用礼貌用语，不仅有助于营造融洽的氛围，还能够促进良好的交际。

受到小小帮助，也要及时表达感谢

在社会交往中，每个人都会遇到困难和麻烦。当面对超出自己能力范围且必须解决的问题时，我们通常会寻求他人的帮助。在获得帮助之后，应当立即真诚地向对方表示感谢。这样不仅能够传达自己对对方帮助的感激之情，也能给对方一种心理上的安慰和满足，更为双方关系的进一步深化奠定了基础。真诚的“谢谢”虽然只有两个字，却充分体现了人际关系中的融洽与默契。它的魅力是任何长篇大论都无法替代的。“谢谢”这个词不仅仅是一句简单的礼貌用语，更是一座沟通心灵的桥梁。如果能够恰当地运用，它将发挥不可估量的作用。

有一年，一名叫林翔的高三学生参加了某大学的首次自主招生考试。面试结束后，林翔走出考场。这时，两名门卫为他拉开了大门。他自然地向门卫点头致意，并轻声说了一句："谢谢。"

恰巧，这一幕被大学教务处处长看在眼里。他走上前，对林翔说道："你很有礼貌。在今天下午已完成考试的八十多名考生中，你是第一个向门卫道谢的人。"后来，林翔顺利被这所大学录取，成为其中的一员。

原来，在面试当天，这位教务处处长一直在考场外观察考生。他注意到，没有一位考生对主动开门的门卫表示感谢，更不用说点头致意了。直到林翔的出现，他的举动让教务处处长眼前一亮。

正是因为一句简单的话，林翔在关键时刻展现了良好的个人素养和修养。最终，他得到了命运的青睐，走向了成功。成功看似偶然，却蕴含着必然。一声"谢谢"，虽微不足道，却折射出一个人的教养与品格，或许正是这些关键时刻悄然改变了他的命运。

在接受别人帮助时，道一声感谢，是对他人文明行为的一种肯定，同时也体现了一个人的教养。别人为你帮忙或办事，总要耗费一些额外的精力，有时甚至不得不辗转托人情、求人帮忙，从而欠下一笔"人情债"。因此，对帮助我们的人一定要表达谢意，同时还可以用含有歉意的语言来表达自己的不安之情，如"麻烦您了""实在不好意思""让您费心了"等。

小李大学毕业后，在一家电脑公司担任程序员。一天，他在工作中遇到了一个难题，无论怎么努力都无法解决。正当他一筹莫展时，经理恰好路过，看见了他的困境，便主动提出帮助。经理的一个简单提醒让小李茅塞顿开，他迅速找到了解决思路，很快就顺利完成了任务。为了向经理表示感谢，小李特意邀请经理共进晚餐。在饭桌上，他真诚地说道："经理，非常感谢您那天在工作中的帮助！"

从那以后，小李与经理的关系变得更加融洽，这不仅为他创造了更好的工作氛围，也让他在工作中取得了更大的进步和收获。

看到小李在如此短的时间里取得如此显著的成绩，同事们都十分钦佩。对此，小李深有感触地说道："从小，我的父亲就教育我要怀有一颗感恩的心。正是这种感恩的心态改变了我的一生。我始终对周围人给予的每一份关怀和帮助心存感激。因此，当我在工作中遇到困难时，大家都愿意伸出援手。这也是我能取得显著进步的一个重要原因。"

感激之情应当及时表达，千万不可抱有"留着以后再说"的心态。只有懂得适时表达感谢的人，才能赢得他人的欢迎，并让别人愿意继续提供帮助。

一句"谢谢"，不仅是对他人付出的肯定和鼓励，更是对他人劳动的起码尊重。虽然"谢谢"只是一个简单的词语，却能够温暖人心，传递真诚。学会说"谢谢"，善于表达感激，不仅能帮助你树立良好的个人形象、提升自身魅力，还能促进更和谐的人际关系。

"谢谢"是一种礼貌，也是一种美好的习惯。学会说一句"谢谢"，其实并不难。不要觉得难为情，也不要认为"谢谢"毫无作用。学会感恩与表达，将成为你人生道路上的"润滑剂"，能够减少人际间的摩擦，滋润人际关系，并有助于事业的成功。因此，无论别人给予你的是多么微不足道的帮助或关怀，都不要忘记真诚地说一句“谢谢”。

注重形象，留下良好印象

心理学中有一个名词叫“首因效应”，指的是两个人初次见面时，彼此通过外在表现迅速形成“第一印象”。人们通常根据这个最初的印象将他人归类，并以此为基础推断或判断其行为和品格。人与人之间的交往与人际关系的建立，往往受到这一印象的深远影响。尽管第一印象未必总是正确的，却往往最鲜明、最牢固，并在很大程度上决定了双方后续交往的走向。在社交活动中，我们可以利用这一效应，通过良好的外在形象和得体的言行，为彼此的交流与沟通打下坚实的基础。

一位经验丰富的超市经理曾分享过这样一个故事：“有一天，一名销售员来拜访我。他的穿着让我联想到五六十年代的风格。当他开始推介产品时，他的讲解非常详细，内容也相当有说服力。然而，我却始终无法集中注意力。我不由自主地打量他的鞋子、裤子、衬衫以及领带。大部分时间里，我都在想：‘如果他所说的都是真的，那为什么他的穿着如此寒酸？’他说他有很多订单，有不少客户购买了他的产品。但他的个人形象给我留下了一个致命的负面印象，让我对他的话产生了质疑。最终，我没有购买他的产品，因为我无法对他的陈述产生信任。”

这是人际交往中“第一印象”的重要作用。前文提到的推销员，由于衣着打扮不当，给经理留下了非常不好的第一印象，从而导致经理对其产生了不信任感。

有一句谚语这样说："第一印象永远不可能有第二次机会。"只有为自己塑造一种利落、干练的形象，才能让他人对你产生信任感，甚至心生敬佩，从而使你在处理事务时如鱼得水，自然而然地将事情做好。因此，我们必须重视自身的外貌和服饰。良好的外在形象展现了你对生活的态度，而得体的衣着则反映了一个人积极向上的精神状态。

仪表是一个人内在思想的外在体现，它折射出个体的修养与品格。得体的仪表是展示个人魅力的重要途径之一。在初次见面时，别人无法直接了解你的内在美，但你的穿着风格却能让他人一目了然。如果你的穿着得体，就会给他人留下良好的第一印象。

英国女王曾在给威尔士王子的信中写道："穿着显示人的外表，人们在判定人的心态以及对这个人的观感时，通常都凭他的外表，而且常常这样判定。因为外表是看得见的，而其他则看不见，基于这一点，穿着特别重要……"人类天生有以貌取人的倾向，外在形象直接影响着别人对你的第一印象。穿着得体的人往往给人留下良好的印象，这往往在传递这样一个信息："这是一个聪明、自重、可靠的人，值得尊敬和信赖。"反之，一个衣着邋遢的人则可能给人留下负面印象，这相当于在无声地告诉别人："这是一个缺乏作为、粗心大意、不讲效率的人。"

曾有一位经销商讲过这样一个故事：

A公司是一家在国内颇具竞争力的企业，他们的产品质量上乘，进入食品添加剂市场已有一年，销售业绩相当不错。

这位经销商说："有一天，我的秘书打电话告诉我，A

公司的销售人员希望约见我。我一听是A公司的，顿时来了兴趣。听客户反映他们的产品质量很好，而我一直没有时间主动联系他们。没想到他们主动上门了，于是我让秘书安排他下午3点来我的办公室。

“3点10分，我听到敲门声，便说‘请进’。门开了，进来一位穿着一套皱皱巴巴的浅色旧西装的人。他走到我的办公桌前，自我介绍说是A公司的销售员。

“我继续打量他。他穿着羊毛衫，外面随意系了一条领带。领带飘在羊毛衫外面，上面还沾有油污。黑色皮鞋未擦拭，明显可以看到灰尘。

“在接下来的几分钟里，我一边听他介绍，一边不自觉地走神。说实话，我几乎没有听清他在讲什么，只隐约看到他不停地在我面前放一些资料。

“他介绍完后，站在那里安静地等着。我这才回过神来，连忙对他说：‘资料先放下吧，我会看一看，之后再联系你。’

“就这样，我把他打发走了。其实，从他走进门的那一刻，我心里就对他产生了抗拒，本能地不想和他所在的公司合作。后来，另一家公司的销售经理来拜访我，他的形象和表现完全不同——精明干练、礼貌周到，显得非常专业。最终，我选择了与这家公司合作。”

在人际交往中，穿着得体、适度的人往往能给人留下良好的第一印象；而穿着不当则可能降低自己的形象，甚至影响他人对自己的信任与评价。

人们常说：“三分人才，七分打扮。”这句话从某种程度上反映了装饰与外在美之间存在一定的联系。“梳妆打扮”固然不是一个人魅力的主要来源，但得体的装饰却能为一个人增添几分风采。一个外表修饰得干净利落却胸无点墨、腹中空空的“绣花枕头”固然令人厌恶；但一个博学多才、精明强干的人，若不修边幅或穿着邋遢，也往往难以令人信服。因此，外表的装饰和打扮并非年轻女性的专利，它对于任何人来说，都是不可忽视的。

如果想提升自己的形象，注意仪表是基本的一环。人的仪表包括面容、表情、着装、发型、配饰等外在方面。整洁大方、自然得体是对一个人仪容仪表的基本要求。具体来说，应注意以下几点：

第一，要注重表情。“相由心生”，“诚于内而形于外”。亲切自然、微笑友善的表情能够迅速拉近人与人之间的距离，给人留下美好而舒适的印象。

第二，要注意个人卫生。保持面部的干净清爽，定期清洗和保养头发，养成常洗澡的良好习惯。在现代社会，无论男性还是女性，都可以适当地化妆，但妆容应注意扬长避短，展现健康亮丽、协调自然的美感。切忌不分场合地浓妆艳抹或哗众取宠。

第三，要注意搭配。需要特别强调的是，配饰和鞋袜是个人形象中至关重要的细节。配饰应尽量与着装和个人气质相协调，力求简洁、雅致，避免过于耀眼、夸张或繁杂。鞋袜的选择应根据具体场合而定。在商务场合，一般应穿正式的皮鞋，常见颜色为黑色或深棕色；而在休闲或运动场合，则应选择舒适的休闲鞋或运动鞋，避免不同场合的混搭。

总之，在人际交往中，善于注重个人形象并留下良好第一印象的人，往往更容易获得成功。因此，花一些时间整理仪表再出门是非常必要的。

接打电话应注意的礼仪和细节

随着科技的进步和生活水平的提高，手机电话已经成为人们日常生活中不可或缺的工具。人们每天都需要接打大量的电话。虽然看似简单，只需对着话筒与对方交谈，但实际上，打电话也是一门学问和艺术。接打电话是一次与人沟通的机会，掌握得当能够给对方留下良好的印象；反之，则可能大大降低对方对我们的评价。

职员王辉被公司派往A市考察当地的市场情况。按照公司规定，出差的员工必须每天向领导汇报当天工作的进展。王辉在这个南方小城市里奔波了一整天，身心疲惫。回到宾馆后，他立刻泡进浴缸，在热水的舒缓作用下渐渐放松下来。这时，他突然想起还未向领导汇报工作情况。于是，他随手抓起身边的电话，在蒸汽氤氲的环境中拨通了领导的号码。

王辉向领导汇报了一整天的考察情况，最后说："经理，我今天太累了，明天再把分析报告做出来给您，行吗？"领导顿了顿没说话。过了一会儿，王辉听到领导有些生气地说："我现在还在公司加班，你马上把报告做出来传给我！"王辉有些愕然，接着听到电话那边又说："下次再在浴缸里打电话，记得不要发出水声！"

接打电话看似不起眼，却是你与对方沟通的重要窗口。俗话说得好：细节决定成败。虽然在电话交流中对方看不到你的人，但你的心情与态度是可以被感知的，所以千万不可掉以轻心！

很多时候，人们在面对面的沟通中会十分注意自己的仪态和礼貌，但在电话交流时，往往忽视了应有的礼仪和社交技巧。其实，在电话交流中，同样可以体现一个人的精神面貌和内在修养。这也是展现沟通技巧的重要途径之一。只要掌握一些基本原则，就能够在不见面的电话沟通中顺利完成交流任务，并给对方留下良好的印象。

1. 电话铃响两遍时就应接起，不要拖延时间。接通后，第一句话应是“您好”。如果电话铃响过四遍才接，应对对方说：“对不起，让您久等了。”这样的礼貌表达不仅体现了对对方的尊重，也有助于消除因等待而产生的不快情绪。

2. 在拨打电话时，应先询问对方是否方便通话，在确认对方方便的情况下再开始交流。通话时，应尽量使用礼貌用语，如“您好”“请”“谢谢”“麻烦您”等。说话时态度要真诚，语言要清晰，既不要装腔作势，也不要娇声娇气。

3. 选择通话时间非常重要。在公务场合，应公事公办；在非公务交往中，则尽量避免随意拨打电话。拨打电话时要注重内外有别。与父母通话时，因为父母关爱我们，可以随时联系；但给外人打电话时，需注意不打扰对方的个人空间。如果不是紧急事务需要立即通知，则应根据对方的生活习惯选择合适的通话时间。以下三点需要特别注意：一是尽量避开对方精力较为松懈的时间。例如，周一上午刚上班的前半小时，或周五下午即将下班的最后半小时。二是尽量避开对方的休息时间，如假期、午休时间、凌晨或深夜。三是避免选择对方不便接听电话的时间。如果不确定对方是否方便接听，可以先发送短信询问，例如：“您好，我是某某，有件事想请教您，可能需要占用您一点时间，请问您方便接电话吗？”或者直接拨通电话，用相似的问候语开场。如果对方方便，就可以继续沟通；如果对方不方便，可以主动约定另一个合适的时间。

4. 在通话过程中，如果对方尚未挂断电话，切勿与他人谈笑或用手捂住听筒与他人交流。如果确实有不得已的情况，应向对方道歉，请对方稍等片刻，或改时间再与对方联系。

5. 通话内容要精练。打电话时应避免内容空洞、语言冗长、思路混乱，以免引起对方的不快。通话内容的精练和简洁是电话沟通的基本要求。

6. 打电话时不可随意。许多人认为通话时对方只能听到声音，看不到行为和动作，因此显得随意、不拘小节。其实，这是一种误解。尽管电话交流主要依靠声音，但情绪、语气和姿态都能通过声音的变化传递给对方。例如，如果打电话时弯腰躺在椅子上，对方可能会感受到你的语气懒散、无精打采；而如果坐姿端正，语气则可能显得亲切、悦耳且充满活力。因此，打电话时，即使对方看不到，也应保持“对方正注视我”的意识，尽量注意自己的姿态和状态，以展示自己更好的精神面貌。

7. 接电话时，万一遇到掉线的情况，应及时拨回去。电话再次接通后，应首先表达歉意，以免让对方觉得你有意不接听他的电话。

8. 挂电话时的礼貌同样不可忽视。当需要结束通话时，出于礼貌，最好先询问对方是否还有其他事情需要交代。在确认对方没有其他事项后，再用“再见”等道别语结束通话。挂断电话时，应双手轻轻放下话筒或轻按通话终止键，切忌用力摔电话或突然挂断，以免让对方产生误解。如果对方的职位比自己高，最好等对方挂断后再结束通话。

总之，接打电话看似是一件简单的事情，但其中包含着许多学问，影响深远，我们必须对此予以重视。

掌握“握手礼仪”，避免社交尴尬

在日常生活中，握手是一种常用的礼节方式，不仅用于见面和告别时，还可以表达祝贺、感谢或相互鼓励。尽管对绝大多数人而言，握手只是两人之间双手相握的一个简单动作，但它却是沟通、交流和增进人际关系的重要手段。

玛丽·阿什是美国著名的企业家，她在退休后创办了一家化妆品公司。公司开业时，员工仅有10人，而20年后，这家企业发展成为拥有5000名员工、年销售额超过3亿美元的大型公司。

玛丽·阿什为何能够在晚年取得如此巨大的成就？她表示，这一切源于她懂得真诚握手的力量。

玛丽·阿什在创业之前，曾在一家公司担任销售员。有一次，她在参加了一整天的会议后，排队等了三个小时，只为与销售经理握个手。然而，当销售经理与她握手时，仅仅是手指轻触了一下，甚至连看都没看她一眼。这一举动深深伤害了她的自尊心，让她对工作的热情再也提不起来。那时，她暗下决心：“如果有一天，有人排队等着与我握手，我一定会把全部注意力集中在站在我面前与我握手的人身上——无论我有多累！”

果然，从她创立公司那天起，无论她与多少人握手，都会记住当年的那次冷遇，并始终以公正、友好且全神贯注的态度与每一个人握手。她的热情与真诚打动了无数人，许多人因此心甘情愿地与她合作，她的事业也因此蒸蒸日上。

握手是一种沟通思想、交流感情、增进友谊的重要方式。握手的动作，常常可以显露一个人的个性，并给人留下深刻的印象。美国著名盲聋作家海伦·凯勒曾写道：“我接触的手，虽然无言，却极富表现力。有些人握手时让人感到拒人千里，我握着他们冰冷的指尖，就像与凛冽的北风握手一样。而有些人的手却充满阳光，他们的握手让人倍感温暖。”这从另一个角度证明了，恰到好处的握手可以展现出你的真诚与自信，同时也是吸引人脉、赢得信任的绝佳契机。一个积极、有力度且得体的握手，能够传递出友好的态度和可信赖的形象，同时也体现了你对他人的重视和尊重。而一个无力、漫不经心甚至不正确的握手，则会传递出负面的信息，令你难以用语言挽回，这在对方心中往往留下非常不利的第一印象。

与陌生人初次见面时，人们往往注重着装和微笑。然而，据调查显示，握手同样在塑造第一印象中起着决定性作用。因为人类对内在或外在的刺激能够做出敏锐而强烈的反应。因此，若想在初次见面时给他人留下良好的印象，就需要掌握握手的技巧。

1. 握手的方法

握手时，应站在距对方约一步的距离，上身微微前倾，双脚并立，右手伸出，四指并拢，拇指张开，与对方的手握在一起。需要注意的是，掌心向下的握手方式会传递出强烈的支配欲，仿佛在无声中表明自己处于高人一等的地位，这种傲慢无礼的姿态应尽量避免。相反，掌心向内的握手方式往往表现出谦逊和恭敬；若双手捧接对方的手，则更显得谦恭至极。

最为平等和自然的握手姿态是双方的手掌保持垂直状态。这种方式既普通又稳妥，是最适合大多数场合的握手方式。

2. 握手的顺序

行握手礼时，握手的先后次序是有讲究的，主要目的是为了体现对对方的尊重。握手的次序通常根据双方的社会地位、身份、性别以及其他相关条件来决定。

两人之间握手的次序为：上级在先，长辈在先，女性在先，主人在先；而下级、晚辈、男性和客人应先行问候，在对方伸出手后，再伸手与之相握。在上级或长辈面前，不可贸然先伸手。若两人之间的身份、年龄、职务等条件相当，则由先伸手者表现出礼貌。

若男女初次见面，女性可以选择不与男性握手，仅以点头致意即可；但在接待来宾时，无论男女，女主人应主动伸手以示欢迎，男主人也可以对女宾先伸手表示欢迎。

如一人与多人握手，应遵循以下次序：先与上级握手，再与下级握手；先与长辈握手，再与晚辈握手；先与主人握手，再与客人握手；先与女性握手，再与男性握手。

若一方忽略了握手的先后次序，率先伸出手，对方应立即回握，以避免造成尴尬。

3. 握手的禁忌

握手时应伸出右手，不宜伸出左手与人相握，因为在某些国家的习俗中，左手被视为不洁。握手时切忌戴着手套，除非是女士穿着晚礼服或婚纱佩戴的纱手套，否则应在握手前摘下手套。当然，在严寒的室外，若双方都戴着手套和帽子，可以不摘手套，但应先礼貌地说一声："对不起。"

如果你是左撇子，握手时也应使用右手。不过，若右手因受伤无法使用，可以坦然说明情况。

握手时，眼睛应注视对方的眼睛，以传递你的诚意和自信。切忌一边握手一边东张西望，或者在与某人握手尚未结束时，目光已转向其他人。这样的行为只会让对方从你的眼神中感受到轻视或慌乱。

握手的力度要掌握好。握得太轻，对方会觉得你在敷衍；握得太重，对方不仅感受不到你的热情，反而会认为你粗鲁。女士尤其要避免把手软绵绵地递过去，这会显得像是连握手都懒得进行。如果要握手，就应该大大方方地握住对方的手。

握手的时间以1至3秒为宜，不可长时间握住别人的手不放。与地位较高的人或女士握手时，时间以1秒钟左右为适宜。如果想表达真诚和热情，可以稍微延长时间，同时轻轻上下摇动几下。

多人会面时，注意不要交叉握手。也就是说，当两人正在握手时，第三人不要从上方伸手插入。

在任何情况下，拒绝对方主动伸手握手的举动都是无礼的。但如果手上有水或不干净，应礼貌地谢绝握手，并及时解释原因和致歉。

综上所述，握手是社交活动中最常见的礼节之一。掌握握手礼仪的要领，是赢得他人好感的重要策略。

不可忽视的名片礼仪

在当今社会，名片的使用已成为人与人交往的重要工具。名片既是个人身份的证明，也是自我推介的媒介，能够起到结交朋友、增进了解、拓展业务和联络感情的作用。在各种社交场合中，与他人交际应酬时，如果忽视名片的使用或不善于使用名片，往往会直接影响彼此之间的沟通，甚至可能损害个人形象。

某公司行政部经理负责为新员工办理养老保险事宜，并已决定选择S保险公司。一日，S公司的销售负责人打来电话，表示希望拜访经理。经理心想，等对方来时便可以在保单上盖章。不料，对方提早到访。原来，销售负责人得知该公司的子公司计划为员工续缴保费，希望子公司未来的各类保险业务也能选择S公司。于是，销售负责人带来大量资料，摆满了经理办公室的桌子。当时，行政经理正忙于其他事务，便让秘书请销售负责人稍作等待。然而，过了一会儿，销售负责人显得有些不耐烦，便收起资料，对秘书说道：“您先忙吧，我改天再来拜访。”

正当他准备离开时，行政经理突然回来，发现销售负责人在收拾资料的过程中，不小心将经理早前递交的名片掉在地上，名片上还留有明显的脚印。更糟的是，销售负责人捡起名片后，随手将其塞入裤袋中。这一系列行为令行政经理感到极为不满，他认为对方的举止是对自己尊严的冒犯。最终，行政经理一怒之下决定放弃与S保险公司的合作，转而选择其他保险公司处理所有保险相关的业务。

上例中的销售员因不注重名片礼仪而失去了一桩生意。由此可见，名片虽小，但在人际交往中的作用却不可忽视。如果不注意名片礼仪，不仅无法使名片发挥“自我延伸”的作用，反而可能妨碍与对方的交流。因此，如果想正确使用名片，就需要充分了解名片的准备、存放和交换等方式，并遵守相应的规范与惯例。

1. 名片的递交

在人际交往中，当需要主动递交名片时，首先应选择适宜的时机。只有在确有必要时递上名片，才能使其发挥应有的作用。当交往对象产生了解自己的兴趣或需求时，才是递交名片的最佳时机。递交名片的时机不宜过早也不宜过晚。此外，不要随意发放名片，尤其要避免在公共场合同时向多位陌生人递交名片，这样的行为可能显得唐突且不够尊重。

双方交换名片时，正规的做法是由位低者首先向位高者递上名片，然后由后者回赠。不过，对于这一规定也不宜过于拘泥。如果需要向多人递送名片，切忌跳跃式进行或遗漏其中的某些人。得体的方式是按照由尊而卑或由近及远的顺序依次进行。

在递送名片时，应先向接受名片的人打个招呼，使对方有所准备。可以先做一下自我介绍，也可以说："请多多指教""希望今后保持联系"或"可否交换一下名片"。

递送名片时，应表现得郑重其事。不仅需要起身站立，主动走向对方，面带微笑，还应使用双手或右手持握名片，并将名片正面朝向对方。不宜用左手递送名片，也不能将名片反面朝向对方。

2. 名片的接收

在接收名片时，除特殊情况外（例如身有残疾等），无论是男性还是女性，都应尽量起身或微微欠身，面带微笑，用双手的拇指和食指夹住名片下方的两角，并视情况说"谢谢"或"能得到您的名片，十分荣幸"等。尽量使用双手接过名片，至少也要用右手，切忌仅用左手接名片。

但凡有可能，接过他人名片后，应花费一分钟左右的时间，从头至尾默读一遍。若遇到疑问之处，可当场向对方请教。

收到他人的名片后，切勿随意把玩或随便乱放。通常，应将他人的名片妥善放入自己的名片夹、公文包、办公桌抽屉或上衣口袋内。将名片随意扔在桌子上、压在玻璃板下或放在裤袋里，都是不礼貌的行为。

接受他人名片后，一般应立即回赠一张自己的名片。如果没有名片、名片已用完或忘记携带名片，也应以适当的方式向对方做出简要说明。切勿既不回赠名片，也不做合理解释。

3. 名片的放置

在参加商务活动时，应随时准备名片。随身携带的名片，最好放在专用的名片包或名片夹中。公文包以及办公桌抽屉里也应经常备有名片，以便随时使用。此外，接过他人的名片并查看后，应将其妥善存放在名片包、名片夹或上衣口袋中。

总之，名片虽小，却蕴含着丰富的信息，它是人际交往的重要桥梁。学会正确使用名片，它将成为你赢得他人信任和好感的通行证。

举止得体，以“礼”为准

举止是一个人内在素养在日常生活和行为中的外在体现，是反映个人涵养的一面镜子。在中华民族的礼仪文化中，“站有站相，坐有坐相，走有走姿”是对个人行为举止的最基本要求。

恰当而优雅的举止，不仅能够彰显风度与修养，还能给他人留下美好的印象；反之，则可能显得不雅，甚至有失礼节。

有这样一个案例：一位保险推销员已经成功说服了一位客户购买保险。然而，当他们站在办公室的吧台前洽谈具体细节时，这位推销员的站姿却破坏了整个局面。他歪歪斜斜地站着，一只脚还不时敲击地面，像是在打拍子。这一举动让客户误以为推销员不耐烦了并表现出催促的态度，于是便以“下次再谈吧”搪塞过去，将推销员打发走了。

在这个案例中，保险推销员不雅的站姿导致了原本有望达成的交易功亏一篑，这正是举止失礼所带来的后果。

举止看似琐碎小事，但往往更能直接地反映一个人的文化修养和素质。虽然“成大事者不拘小节”，但这并不意味着小节就不重要。对于各种“小节”，在需要注意时就应当加以注意。

在日常生活中，我们常常会遇到这样的人：他们或仪表堂堂，或容貌出众，然而仅仅一个举手投足的动作，便暴露出其粗俗之处。因此，在社会交往中，如果想给对方留下美好而深刻的印象，外在的美固然重要，而高雅的谈吐、优雅的举止等内在涵养的表现则更能赢得人们的喜爱。这就要求我们从日常行为中有意识地锻炼自己，注重站、坐、行的姿态，做到举止端庄、优雅得体，展现出风度翩翩的个人魅力。

1. 坐有坐相

一个人的精神状态如何，完全可以通过他的坐姿看出来。正确的坐姿不仅能够传递端庄、稳重的印象，还能使人产生信任感。反之，不雅的坐姿则容易让人不敢恭维。例如，有些人坐着时双腿叉开，或不停地抖腿，甚至翘起腿过高，这些行为都显得非常失礼。

所谓“坐如钟”，并不是要求你坐下后如同钟一样一动不动，而是强调“坐有坐相”。也就是说，坐姿应端正，坐下后不要左摇右晃。

坐姿的基本要领如下：入座时，先走到座位前，转身后将右脚向后撤半步，轻稳地坐下，然后将右脚与左脚并齐，坐于椅面中央。上半身自然挺直，头部保持正直，表情自然亲切，目光柔和且平视，嘴微闭。两肩平正放松，两臂自然弯曲，放置于膝上，或轻放在椅子或沙发的扶手上，掌心朝下。双脚平稳落地，不宜翘起。起立时，右脚先向后收半步，然后轻稳站起。

一般来说，在正式的社交场合，男性两腿之间应保持约一拳的距离，而女性应双腿并拢，无空隙。双腿自然弯曲，双脚平落地面，避免前伸。在日常交往场合，男性可以翘腿，但不宜翘得过高或抖动；女性则应大腿并拢，小腿交叉，但也不宜向前伸直。

为使你的坐姿更加正确优雅，应注意以下几点：入座时动作应轻柔缓和，起立时应端庄稳重，避免弄得座椅发出噪音。就座时，身体应端正，不可歪斜或双腿过度分开，也不可高高翘起二郎腿；若需跷腿，悬空的脚尖应向下，切忌脚尖朝天。坐下后，不宜随意挪动椅子，也不要腿脚不停抖动。女士着裙装入座时，应在坐下前用手稍稍整理裙摆，避免坐下后再站起来调整衣服。在正式场合与他人会面时，应保持端正坐姿至少10分钟，不可松懈，也不宜一开始就靠在椅背上。就座时，一般应至少坐满椅子的三分之二，不要完全坐满，也不要仅坐在椅子边缘而过分前倾；对于沙发椅，由于座位较深宽，入座时不宜坐得过于靠里。

2. 站有站相

站立姿势，又称站姿或立姿，是指人在停止行动后，身体直立、双脚着地或踏在其他物体上的姿态。它不仅是人们日常采用的一种静态身体造型，也是其他动态身体造型的基础和起点。

在人际交往中，站立姿势是一个人整体仪态的核心体现。如果站姿不够规范，其他姿势也难以显得优美得体。

所谓“站如松”，并非指要像青松一样笔直挺拔，因为那样可能会显得过于拘谨。这一要求的核心是站立时应具备青松般的气度与稳重，而不是东倒西歪。

站立时，最基本的要求是抬头、挺胸、收腹。正面观察时，应给人一种直立感，即以鼻子为中线，整个身体大体呈直线状态；从侧面观察时，应给人一种垂直感，即从耳朵与颈部连接处到脚踝的前侧，大体呈直线状态，展现出一种挺拔、端正、稳重的美感；从横向观察时，应给人一种开阔感，即肢体和身姿显得舒展自如。

男子站立时，身体的重心应放在两脚之间，避免偏向左侧或右侧；双脚与肩同宽；双手自然垂落，可交叉于体前或体后，展现出一种风度翩翩、挺拔向上、舒展俊朗、精力充沛的形象。女子站立时，身体重心应放在两脚中间，略偏向脚弓前端的位置；双手自然垂落或在腹前交叉，营造出一种优雅秀丽、端庄大方的气质。

需要特别注意的是，在正式场合，站立时切勿做出双臂交叉抱于胸前、双手背在身后、双手插入口袋或身体倚靠桌椅、墙壁等动作，这些动作可能传递出消极、不尊重的信号。

3. 走有走姿

无论是在日常生活还是社交场合，走路的姿态往往是最引人注目的身体语言，也是最能展现一个人风度和活力的表现形式。

走路时，头部应抬起，目光平视前方，双臂自然下垂，手掌心向内，并以身体为轴心前后自然摆动。上身挺拔，腿部伸直，腰部保持平直，步伐轻盈且富有弹性和节奏感。

行走时，上身应保持直立的标准姿势，挺胸收腹，腰背笔直。双臂以身体为轴心前后自然摆动，前摆约35°，后摆约15°，手掌朝向身体内侧。迈步时，身体略微前倾，重心落在前脚掌，膝盖伸直。脚尖应朝正前方，行走时双脚应踩在一条直线上。

如果觉得自己的走姿不够标准，可以尝试模特的初步训练方法：在头顶放置一本书，挺直后背，双臂小幅摆动，步伐均匀地向前行走。当你能够顶着书保持正确的姿态，并在房间内行走自如时，说明你的走姿已达到标准。

总之，行为举止是一种无声的语言，是一个人性格、修养和生活习惯的外在表现。在人际交往中，一个人的行为举止直接影响他人对其的评价，因此一定要养成良好的习惯。

第三章

顺应变通思维，做人要低调一点

学会收敛锋芒

有一句成语叫作“锋芒毕露”。“锋芒”本意是指刀剑的尖端，后来被用来比喻一个人的聪明才干。古人认为，一个人若没有锋芒，就如同扶不起的“阿斗”。因此，有锋芒是好事，是事业成功的基础。然而，锋芒是一把双刃剑，它既可以让人脱颖而出，也可能伤害他人甚至自己。如果一个人恃才自傲，狂妄自大，锋芒毕露，将才华视为炫耀和骄傲的资本，以博取他人的赞美和羡慕，从而满足自己的虚荣心，那么他的结局可想而知。

李丽是某家美国公司驻北京分公司的公关经理，她在商界有着良好的声誉，最近却因一件小事而被迫辞职。事情是这样的：美国总公司的几位高层领导决定在北京举办一场宴会。除了北京分公司的总经理及部分重要成员，美国总部的重要领导以及长期合作的大客户也将出席，宴会规模十分盛大。作为北京分公司的公关经理，李丽一向以“女强人”自居。在她的领导下，公关部的工作一直非常出色，这也让她倍感骄傲。然而，不知是否因被胜利冲昏了头脑，在某些场合，李丽的锋芒甚至显得凌驾于总经理之上。总经理性格温和，在不影响自身利益的情况下，往往选择容忍她的行为。

这次宴会是一次分公司与总公司联合举办的重大活动，机会十分难得。李丽对此格外重视，从筹备阶段起便格外谨慎，力求获得总公司高层的认可。

宴会当晚，李丽穿梭于宾客之间，成功营造了热烈而愉快的氛围。直到总公司的高层主管和分公司的总经理分别致答谢词时，她都在一旁逐一介绍他们出场。然而，当轮到她的上司——分公司总经理登场时，她在介绍之前竟先发表了一段感谢词，向在场客户表达了对他们长期支持的感激之情。虽然只是简短的几句话，却已经引起了总公司高层主管的不满，因为此时她的职责仅限于介绍上司，而非发表个人感言。

在宴会进行过程中，总公司主管曾与李丽交谈，发现她在谈及公司事务时，完全不提及总经理的指示。给人的感觉是，她就像是分公司的最高主管。最终，分公司总经理被上级召集开会，讨论他是否适合仍坚守自己的职位，而不是让公关经理李丽代为处理日常事务。李丽最终选择辞职，理由是她认为总经理将削弱她的权力，而没有意识到一直以来是自己的锋芒太露，反而喧宾夺主。

一个人即使天赋异禀，但如果不懂得收敛锋芒，也很难在社会中立足，甚至可能招致厄运。俗话说："出头的椽子先烂。"要想长久立足，就需要摆正自己的位置，认清形势，适当地收敛锋芒，才能做到明哲保身。

《易经》上有言："君子藏器于身，待时而动。"具备才能虽难，但一旦拥有，就无须担心没有用武之地。锋芒过于显露只会带来害处。额头上长出尖角，必然会伤及他人。如果你不主动磨平自己的棱角，他人就会迫使你去折它。锋芒就像人额头上的角，过于显露会树敌过多，最终招致妒忌，甚至迫害。

郑庄公准备攻打许国。战前，他先在国都组织了一场比赛，选拔先行官。众将士一听到有机会建功立业，纷纷跃跃欲试，准备大显身手。

第一项是击剑格斗。众将都使出浑身解数，只见短剑飞舞，盾牌晃动，厮杀激烈。经过轮番比试，选出了六个人参加下一轮比赛。第二个项目是比箭，晋级的六人各自射三箭，以射中靶心者为胜。第五位上场射箭的是公孙子都。他武艺高强，年轻气盛，向来目中无人。只见他搭弓上箭，三箭连中靶心。他昂着头，瞟了一眼最后那位射手，随即退下。最后一位射手是一位老人，胡子已有些花白。他名叫颍考叔，曾劝庄公与母亲和解。颍考叔不慌不忙地上前，"嗖嗖嗖"三箭射出，也连中靶心，与公孙子都射了个平手。两人进入最终较量。庄公派人拉来一辆战车，说："你们二人站在百步开外，同时去抢这辆战车。谁抢到手，谁就是先行官。"公孙子都轻蔑地瞥了对手一眼，信心满满。然而，跑到一半时，公孙子都脚下一滑，跌了个跟头。等他爬起来时，颍考叔已抢先将战车夺到手。公孙子都不服气，二话不说就冲上来夺车。颍考叔见状，拉起战车飞步跑开。庄公赶忙派人制止，正式宣布颍考叔为先行官。公孙子都对此怀恨在心。

颍考叔果然不负庄公所托，在进攻许国都城时，手举大旗，率先从云梯登上许都城头。眼见颍考叔立下大功，公孙子都嫉妒得发狂，竟抽出箭，搭弓瞄准城头上的颍考叔，一箭射出，正中胸膛。颍考叔瞬间从城头栽落下来。竟就这样死在了自己人手上。

有时候，不露锋芒，可能永远得不到重任；锋芒太露，却又容易招致祸患。尽管才华横溢，容易取得一时成功，却可能为自己埋下祸根。当施展才华时，也可能同时种下危机的种子。因此，才华的显露应适可而止。

老子曾告诫世人："不自露，故明；不自是，故彰；不自伐，故有功；不自矜，故长。"这句话的大意是，一个人如果不刻意显露自己，反而会显得卓尔不群；一个不自以为是的人，反而能够超越他人；一个不自夸其功的人，更容易取得成就；一个不自负的人，才能不断进步。为人处世应当谨记这一点，深藏不露方为真正的君子。

真正懂得变通思维的处世高手，不会锋芒毕露、咄咄逼人。他们明白为人处世需要学会隐忍，懂得"该藏则藏，该露则露"的道理，只有这样才能避免遭遇挫折。如果将自己的锋芒使用不当，不仅可能伤害他人，还可能损害自己。因此，展现锋芒时应当小心谨慎，以免招致麻烦。聪明的人善于把握藏与露的分寸，不仅能够在适当的时候展现自己的才华，还能在必要的时候收敛锋芒。

即使才华横溢，也不可任性妄为

在生活中，我们常常遇到一些自视清高的人，更不乏狂妄自大之辈。他们仗着自己有些才能，便恃才傲物，目中无人，全然忘记了"山外有山，楼外有楼"的道理。才华本是上天的恩赐，但若将其当作骄傲的资本，结果往往适得其反，令人失望。

三国时期的才子祢衡，年少才高，目空一切。二十多岁时，他便名扬四方，因此更加瞧不起那些所谓的名士权贵，将他们视为酒囊饭袋、行尸走肉。

汉献帝初年，孔融上书举荐祢衡，大将军曹操因此召见了他。

然而，祢衡不知天高地厚，见了曹操后出言不逊。曹操心中十分不快，于是随意给祢衡安排了一个击鼓的小吏职务，以羞辱他。祢衡因此对曹操更加记恨。

一次，曹操在宴会上大宴宾客，命祢衡穿上鼓吏的衣帽击鼓助兴。谁料，祢衡为了泄愤，竟当众裸身击鼓，意图扫曹操及宾客的雅兴。曹操对此深感愤恨，但不愿亲手杀害祢衡，于是将他送往荆州牧刘表处。

到了荆州后，祢衡依旧恃才傲物，不久便得罪了刘表。刘表心生厌恶，却不愿亲自处置祢衡，于是将他打发到江夏太守黄祖那里。

祢衡在黄祖处依然率性而为，毫无收敛。有一次，他竟当众顶撞黄祖，辱骂道："死老头，你少啰唆！"黄祖勃然大怒，一气之下将祢衡处死。祢衡死时年仅26岁。

祢衡的杀身之祸，全因他的才华与性情所致。祢衡因恃才傲物、因情误事，最终冒犯权贵，自陷险境，终至身亡。这是一个因极度张扬个性与才情而未得善终的典型例子。

有才却任性，迟早会让自己吃亏。那些不够谦虚、恃才傲物的人，总喜欢将自己的意志强加于他人，以自己的态度作为他人行为的"准则"，认为别人理应佩服并听从自己的意见。一旦遭遇反对，就觉得自己聪明而他人愚蠢。这样的人只关注自己的需求，在人际交往中表现得极为自负。心情愉快时，他们谈笑风生；心情不佳时，就不分场合随意发脾气，完全忽略他人的感受。他们事事以自我为中心，自以为是，轻视他人，固执己见，从不轻易改变自己的态度。之所以如此，根本原因在于他们缺乏开阔的胸襟与谦虚谨慎的态度。反观那些真正有学识、有修养的大师，从不在他人面前炫耀自己的才华，而是始终谦逊平和。因此，恃才傲物是为人处世的一大忌讳。无论一个人多么才华横溢，也应保持低调，否则容易招致他人的反感与厌恶。

建安五年（公元200年），袁绍讨伐曹操。当时，袁绍的军队实力强大，与曹操相比占据明显优势。然而，袁绍为人优柔寡断，指挥无方。曹操与袁绍的军队在官渡对峙，战局一时难分胜负。后来，正当曹操粮草将尽、形势危急之时，袁绍手下的谋士许攸因受到袁绍的怒斥，心生不满，愤而决定投奔曹操。许攸径直前往曹营，却被曹军士兵抓住。他对士兵说："我是曹丞相的故交，快去通报，就说南阳的许攸前来拜见丞相！"军士随即入营禀报。当时曹操正在休息，听闻许攸到来，料定他一定能带来助力，欣喜若狂，甚至来不及穿好鞋便急忙迎接。曹操以贵宾之礼接待了许攸。

果然，许攸献上妙计，助曹操大破袁绍，从而奠定了曹操在北方的胜局。

曹操率军进入冀州城时，快要到城门时，许攸策马向前，用手中的马鞭指着城门，大声对曹操说："阿瞒，如果不是我的帮助，你怎么可能进得了这个城门呢？"曹操闻言大笑不语，而手下众将听后，心中却颇感不满。

一天，曹操的大将许褚骑马从东门进城，恰巧遇到了许攸。许攸再次趾高气扬地对许褚喊道："如果没有我，你们又怎能从这城门进来？"许褚闻言大怒，反驳道："我们出生入死，浴血奋战才夺下这座城池，你有什么资格如此夸口？"许攸不屑地骂道："你们这些人不过是些莽夫，有什么值得夸耀的！"许褚怒不可遏，当场拔剑斩杀许攸，并提着许攸的首级前去向曹操请罪。曹操虽责备了许褚，但并未重罚，而是下令厚葬许攸。

可悲的许攸！他助曹操大败袁绍，功劳不可谓不大。然而，他的骄横与自以为是却将自己的功绩一笔抹杀。本可以凭借才智获取更大的功名，最终却落得身首异处的悲惨结局。

俗话说："枪打出头鸟。"有才华而任性，这往往会让自己成为众矢之的。一个人如果过于突出、过于优秀，使得多数人显得平庸，本身就很容易招致嫉妒或暗算。如果再不谨言慎行，反而露才扬已、张扬行事，更容易将自己置身于危险的境地。因此，聪明的人会收起自己的小任性，正确看待自己的才华，摆正自己的位置，低调做人。倘若狂妄自大、目中无人，最终难免落得个惨淡的结局。

正所谓"花要半开，酒要半醉"。无论你拥有怎样出众的才智，都要谨记：不要把自己看得太了不起，还是收敛锋芒，掩饰才华为妙。

大智若愚，大巧若拙

明代学者吕坤在《呻吟语》中说道："愚蠢的人，别人会讥笑他；聪明的人，别人会怀疑他。只有既聪明且看起来愚笨的人，才是真正的智者。"宋代大文豪苏轼亦有言："大勇若怯，大智若愚。"真正的大智大勇并不需要大肆张扬或卖弄聪明，其本质不在于外表，而在于内在的实力。拥有大智慧的人，表面上反而显得像糊涂人，这就是所谓的"大智若愚"。

"大智若愚"的人给人的印象通常是：笑容满面，宽厚敦厚，平易近人，虚怀若谷，不露锋芒、不显利锐，有时甚至显得有些木讷、迟钝或迂腐。然而，实际上他们却是拥有大智慧的人。"若愚"并非真正的愚笨，而是一种策略、一种智慧的表现。

丁谓诡诈阴险，是历史上有名的奸相。他有两大绝招：

其一是孤立皇帝。他将宋仁宗孤立起来，不允许他与其他臣僚接触。文武百官只能在正式朝会时见到仁宗，朝会一散，便各自回家，谁也不准停留。其二是排除异己。凡是稍有头脑、不附和自己意见的执政大臣，一律被他从朝中赶走。因此，朝廷中一切军国大事皆以丁谓的意志为准，舆论一色，政见一律，而丁谓则高踞权势顶峰。

参知政事王曾将这一切看在眼里，记在心中。他虽然身居副宰相之位，却整日装作迷迷糊糊、憨厚老实的样子。在宰相丁谓面前，他始终唯唯诺诺，从不发表任何与丁谓相左的意见。朝会散后，王曾也从不试图撇开丁谓，单独谒见皇上。日子久了，丁谓对他愈发放心，甚至完全失去了戒备之心。

一天，王曾满怀忧虑地对丁谓说道："我有一件家事难以处理，心中十分伤感。我自幼失去父母，全靠姐姐抚养成人，她对我的恩情如同父母一般。如今，老姐姐已八十高龄，只有一个独生子正在军中服役。然而，他体质羸弱，难以承受军旅生活的艰辛，还在军营中多次遭受鞭刑。姐姐为此多次痛哭，请求我设法免除外甥的兵役……"

话未说完，丁谓便接过话头说道："这件事并不难办。您可以在朝会后单独向皇上奏明情况，请求皇上开恩。"

王曾故作犹豫之态，回答道："我身为执政大臣，怎能为私事打扰皇上呢？"

丁谓笑着宽慰他："别这么迂腐，这种事有什么不可以的？"

王曾假意迟疑了一会儿，最终答应次日面见皇上。

次日清晨，文武百官朝见仁宗后各自散去，唯有副宰相王曾请求留在殿上，单独向皇上奏事。宰相丁谓随即批准了他的请求，并亲自将王曾引至太后与仁宗面前，而后退了下去。

然而，丁谓心中存有疑虑，始终不放心，便在阁门外等候。

王曾面见太后与仁宗后，将丁谓的罪行一一揭发，还呈上早已准备好的书面材料，详细说明情况。

王曾在太后和仁宗面前整整谈了一个上午。丁谓等候在阁门外，见王曾迟迟没有出来，心中揣测，王曾绝不可能仅仅在讨论什么外甥服兵役的琐事，一定是在商讨关乎军国大计的大事。他气得直跺脚，自怨自艾道："上当了！"

最终，王曾凭借大智若愚的策略，成功将奸相丁谓逐出朝廷。

所谓大智若愚，常常具有后发制人、出其不意的效果。它是以智慧示以愚钝，以强大示以柔弱，以能力示以无能，以有所作为示以无所作为。其目的在于迷惑对手，从而争取主动权。

然而，大智若愚并非装疯卖傻、装腔作势，也非故作深沉或故弄玄虚，而是一种处世之道，一种从容不迫的态度。真正的大智若愚，是在心平气和中应对纷乱，在宠辱面前保持泰然，在遭受侮辱时不急躁；是含而不露，隐而不显，看透而不点破，知晓而不尽言。凡事心中一清二楚，而表面上却表现得似乎不知、不懂、不明、不透。

"大智若愚"，重在一个"若"字。愚钝、屈从、木讷等词汇通常给人一种消极、低下、委屈或无能的印象，而"若"则营造了一种巨大的假象与掩饰，隐藏了真实的野心、权欲、才华和声望。通过展现出一副弱者的姿态，"大智若愚"能够巧妙地诱导对方放松警惕，甚至放弃竞争的念头，从而让对方轻视和忽视，同时也让对方产生安全感。这种甘于显得愚钝、刻意隐藏才华的处世之道，实际上体现了深层次的精明与算计——以不显山不露水的姿态麻痹和迷惑他人，最终取得胜利。

在一个小镇上，有一个文静而害羞的男孩，人们都把他当作傻瓜，喜欢捉弄他。大家常常把一枚五分钱的硬币和一枚一角钱的硬币扔到男孩面前，让他任意挑选一个。男孩每次都捡起那枚五分钱的硬币，于是人们总是嘲笑他。有一天，一位好心人忍不住问他："难道你不知道一角钱比五分钱更值钱吗？"男孩慢条斯理地回答："当然知道。不过，如果我捡了一角的，他们可能就不会再扔钱给我了。"

一个真正聪明的人，不是通过让别人感知自己的强大来取胜，而是通过让别人看到自己的弱小来保护自己。这样的人善于以低调的姿态避免锋芒毕露，从而获得安全的环境，这正是"大智若愚"之人智慧的体现。智者从来不会在日常生活中刻意展现非凡的机智，而是始终保持低调，以隐忍换取更大的成功。

大智若愚是人生的至高境界。大智若愚的人，总是在人前收敛自己的智慧。智者与愚者看似一样愚拙，差别在于：愚者的愚蠢是众所周知的，唯独自己不知；而智者的"愚蠢"虽为人所知，却心中明了。所以说，大智若愚，"若愚"非愚，"非愚"若愚，则大功可成！

面对过于强势的对手，不妨学会适时示弱

在我国古代思想家老子看来，凡"生"者必是"弱"的，而以"强"自居者，"死"期已至。他认为，人的牙齿虽坚硬，但不过几十年便会脱落；而舌头柔软，却往往能够百年长存。

所谓示弱，从某种角度来看，就是忍耐、退让与宽容。面对无法改变的现实，有时“退一步，海阔天空”。古人云：“君子要聪明不露，才华不逞，方能任重道远。”以弱势示人，既可以保护自己免受伤害，当条件成熟时，还能使敌人防不胜防，一举成功。

汉朝的开国皇帝刘邦就是一位善于示弱的人；反观项羽，虽然英雄盖世，却处处逞强，最终落得垓下自刎的结局。这两种截然不同的处世方式所带来的命运差异，令人深思。

楚汉相争之前，项羽与刘邦约定，谁先入关中便为王。然而，项羽遇上了秦军主力，战斗异常激烈；而刘邦一路顺畅，仅遭遇秦兵象征性的抵抗，最终得以先入关。

项羽怎能忍受这样的局面？明明是自己破釜沉舟歼灭了秦军主力，到头来却被一个无赖抢占了先机，这岂不是要让天下人耻笑？加之项羽的谋士范增说道：“刘邦在山东时，贪财好色，如今进了关中，却变得完全不同了。不仅不收取财物，也不亲近女色。由此可见，他的野心不小啊！”

范增的话彻底激怒了项羽，使他火冒三丈，遂下定决心要除掉刘邦。

当时，项羽的兵马有四十万，驻扎在鸿门；而刘邦的兵马只有十万，驻扎在灞上。双方相距仅四十里地，兵力悬殊，刘邦若硬碰硬，显然不是项羽的对手。

这时，刘邦的谋士张良献计说：“项羽是个吃软不吃硬的人。您只需向项羽赔礼道歉，并表现得十分顺从，这样就能平息他的怒火。一旦他的怒火平息，他便不会对您下杀手。”

刘邦思忖片刻，觉得别无他法，只能照此行事。

于是，刘邦挑了个日子，带着百余名随从，前往鸿门拜见项羽。见到项羽时，刘邦满脸堆笑，谄媚地说道：“我与将军同心协力攻打秦国，将军在河北作战，我在河南奋战。我自己也没有料到能够先行入关。今天能在这里见到将军，实在令人欣喜万分。没想到竟有人在您面前挑拨离间，致使您生气，这实在是我的不幸。”

项羽见刘邦如此低声下气，心中的怒火也消退了不少。刘邦察觉项羽态度缓和，这才松了一口气。随后，刘邦利用计谋巧妙地脱离了这个危机四伏之地。这次示弱的策略，为他日后的成功奠定了坚实的基础。

公元前206年，秦朝覆灭后，项羽分封天下诸侯，自立为西楚霸王，封刘邦为汉王，封地为巴蜀。

刘邦并未因被项羽分封至这路途遥远、山高水险的偏僻之地而意志消沉。在得力谋士的辅佐下，他“明修栈道，暗度陈仓”，在汉中励精图治，积蓄力量。待拥有足以与项羽抗衡的军事实力后，刘邦突然从汉中出兵，将项羽打得大败，最终迫使西楚霸王在乌江拔剑自刎，留下无尽的遗憾与思索。

从楚汉之争的历史中可以看出，刘邦虽然力量不及项羽，却懂得在强敌面前避其锋芒，适时“低头”示弱，最终开创了延续四百年的汉朝基业，成为汉唐盛世的奠基者。而楚霸王项羽虽英勇无双，却不谙世事，不肯“低头”过江东以图东山再起，令人惋惜不已。

示弱是一种生存的智慧，也是一种通向成功的策略。示人以弱，并非妥协。拳头收回，是为了挥出更有力的一击；向后退两步，是为了跳得更远。当身陷僵局时，学会适时示弱，或许才能为自己赢得展现强大的机会。

战国时期，魏国和赵国联合进攻韩国，韩国向齐国紧急求援。齐国派田忌和孙膑率兵前往解救韩国。齐军假意向魏国都城大梁（今河南开封）进发，摆出攻魏的态势，吓得魏国将领庞涓急忙调转兵力回防，并紧随齐军追击，妄图一举歼灭齐军。孙膑得知这一情况后，对田忌说道："魏军一向骄横轻敌，轻视齐军。我们可以利用这一弱点，采取'进军减灶'的策略，假装畏惧，制造假象，从而将庞涓彻底消灭。"

大军浩浩荡荡向西行进，到了开饭时，10万大军埋锅造灶，绵延数里，场面极为壮观。第二天，庞涓追至齐军宿营地，看到遍地的土灶后，命士兵统计数量。得知齐军有10万兵力，庞涓不敢贸然行动，只能在后方缓慢追击。又到开饭时间，孙膑下令将饭灶减少一半，仅埋5万个灶。士兵们虽然不明其意，但仍遵命执行。一天后，庞涓再次追至齐军营地，统计后发现饭灶数量减到5万，心中暗喜，认为齐军果然畏战，两天时间便逃散了一半。于是，他命令魏军加快行军速度。第三天，孙膑又下令只做3万个饭灶。半天后，庞涓追到此地，统计后发现仅剩3万个灶，顿时大笑道："果然，齐军天生胆怯，才三天就跑得所剩无几！"他随即命令步兵原地待命，仅率领数千精锐骑兵，以平日两倍的行军速度继续追击齐军。

此时，孙膑预料到庞涓会在傍晚赶到马陵。马陵道路狭窄，重峦叠嶂，地势十分险要。于是，孙膑在道路两旁埋伏了弓箭手。果然，庞涓傍晚抵达马陵，还未来得及喘息，齐国射手便万箭齐发，魏军顿时大乱。庞涓自知计穷兵败，只得拔剑自刎。

在这一案例中，孙膑的“示弱”仅仅是一种策略，而非最终目的。他通过示弱使对手放松警惕，误判形势，从而为自己创造韬光养晦、伺机而动的机会，最终在关键时刻出其不意，打对方一个措手不及。

从表面上看，“示弱”似乎传递出懦弱和畏惧的信号，但实际上并非如此。在某些情况下，适当的示弱是一种深具智慧的博弈之道。在生活中，适时向人示弱可以以小忍避免大患；在工作中，示弱可以让我们收敛锋芒，积蓄力量。强者示弱，能够展现宽广的胸襟，赢得更多人的好感与信任；弱者示弱，则可以为自己争取成长的空间，避免在尚未强大之前树敌过多、遍体鳞伤。

总之，示弱是一种心态，是一种境界，更是一种大智慧。它不仅能够赋予我们平和的生活态度，还能帮助我们更好地解决生活中的难题。

得意莫忘形，一时成功不等于一世成功

古人云：“傲不可长，欲不可纵，乐不可极，志不可满。”月盈则亏，水满则溢。人在春风得意之时，切勿表现出得意忘形的姿态。然而，在现实生活中，有些人在遇到得意之事时，往往忍不住在众人面前扬扬自得，试图展现自己比他人更为优秀的能力。实际上，这种炫耀行为是一个危险且可怕的陷阱，而这个陷阱往往是聪明人亲手为自己挖下的。它会让你将大量的精力耗费在展示成果、自吹自擂，或者试图让他人认可你的个人价值上。而这种过度的得意，常常让人迷失自我，忘记初心。

森林中生活着许多动物，不仅有狮子、老虎、狼、狐狸

等，还有蚊子、蜘蛛等微小的生命。

有一只蚊子，它每天都在思索：“在这个王国里，狮子应该是百兽之王吧？没有比它更强大、更有威力的动物了。如果我能打败它，我就能成为森林之王啦！”

经过一番细致的准备，这只蚊子终于决定向狮王挑战。

蚊子扇动着翅膀，飞到狮子面前，对狮子说：“狮子，我不怕你！你并不比我强大。不信的话，我们来比试比试！”

然而，蚊子的声音实在太微弱了，狮子根本没有听见，依然悠然自得地闭着眼睛养神。蚊子见状，气得火冒三丈，用尽全力大声喊道：“你这只笨狮子！我们来比试一下吧！看看你有什么本事！是用爪子抓，还是用牙齿咬？我可比你强多了！”说完，蚊子吹响了它的小喇叭，鼓足勇气向狮子发起了冲锋。

狮子这下可慌了，觉得脸上奇痒无比，睁大了眼睛瞧，却始终看不清蚊子进攻的方向。蚊子恶狠狠地向狮子的脸上咬去，专挑狮子鼻子周围没有毛的地方下手。狮子左躲右闪，用力晃动着头，张开血盆大口猛扑蚊子。然而，蚊子小巧灵活，狮子的嘴巴总是扑了个空。气急败坏的狮子拼命挥动爪子，一顿乱抓乱挠，尽管如此，还是没能捉住蚊子。

蚊子高兴极了，威胁道：“快认输，不然我咬死你！”狮子从未受过这样的羞辱，怒吼着再次扑向蚊子。然而，它又一次失败了。蚊子趁势再次向狮子发起进攻，无计可施的狮子最终落荒而逃。

“我赢了！”蚊子得意扬扬地吹起胜利的号角，唱着欢乐的凯歌飞走了。它一边飞一边喊：“我战胜了狮子！我才是最了不起的！我要当森林之王！”然而，得意忘形的蚊子完全忽视了四周的危险。突然，它撞进了一个软软的东西中，身体被牢牢粘住了。它拼命挣扎，想要脱身，但越挣扎粘得越紧。直到这时，它才意识到，自己竟被一张蜘蛛网困住了。

一只蜘蛛目露凶光，缓缓向蚊子爬来。蚊子这才清醒过来，但为时已晚。它不服气地对蜘蛛喊道："蜘蛛，我刚刚打败了狮子！快放了我，我不屑与你交战！"蜘蛛听了，冷笑着说："蚊子，别白费力气了。不管你曾经打败过谁，现在你是我的俘虏。吃掉你对我来说易如反掌。你将成为我的晚餐。"

蚊子最后叹息道："我曾与最强大的动物较量，并取得了辉煌的胜利，没想到，最终却败在一只小小的蜘蛛手上。"

这个故事告诉我们，得意忘形的背后往往潜藏着巨大的危机。古人云："乐不可极，乐极生悲。"人生处于顺境和得意之时，最容易滋生骄傲自满，最终导致失败。世间许多失败的根源，正是成功时未能抑制的骄傲情绪。因此，我们在取得阶段性成绩时，必须时刻保持清醒，避免得意忘形。

生活中，每个人都会有得意的时候：功成名就、晋升加薪、得到上司赏识、赢得同事称赞……然而，得意不能忘形。俗话说："弓满则折，月满则亏。"扬扬得意是不明智的。一个人在事业有成或荣升之际，固然值得庆贺，但这种庆贺应把握分寸，适可而止。不应仅仅沉浸于喜悦之中，还要思考如何维持好运，不断争取更大的成功。

拿破仑有一句名言："从伟人到滑稽小丑只有一步之遥。"人在得意时，绝不能放松警惕，而应时刻保持清醒，因为此时往往最容易犯错。如果盲目得意忘形、居功自傲，最终难免会招致令人惋惜的结局。

张扬个性，不如低调做人

个性是每个人独有的特质，有个性的人更具魅力。个性表现得越充分，个人魅力往往也越大。然而，过度张扬个性并非总是有益，尤其在与人交往时，过分表现和张扬容易让人反感，甚至被认为是哗众取宠或傲慢无礼的行为。

有一次，儿童文学家盖达尔带着5岁的小女儿珍妮为夏令营的小朋友们讲故事。

大礼堂里，孩子们正聚精会神地听盖达尔讲故事。这时，小珍妮却旁若无人地在礼堂里走来走去，偶尔还故意用力跺脚，发出令人厌烦的声响。跺完脚后，她甚至露出一副得意的神情。

盖达尔注意到女儿的行为，立刻停止了讲故事。他突然提高嗓音，严肃地说道："那个猖狂的小家伙是谁？请你们把那个不守秩序的小家伙请出去！她妨碍了大家安静地听故事。"

小珍妮一下子愣住了，她完全没有想到，一向疼爱自己的爸爸竟然会这样说她。她哭喊着不肯离开，试图以此让爸爸心软。但盖达尔毫不动摇，坚决要求工作人员将珍妮带出会场。

之后，盖达尔继续给孩子们讲故事。故事结束时，孩子们用热烈的掌声表达了对盖达尔的喜爱和敬意。他不仅为孩子们讲述了一个有趣的故事，还通过对小珍妮的惩罚，给孩子们上了生动的一课：无论是谁，都不应恃宠而骄，过于张扬。

人不能太张扬，因为张扬实际上是一种张狂。俗语有云：“人狂没好事，狗狂挨砖头。”文雅一点说，人若过于张扬，便可能自招麻烦；直白一点讲，如果不想成为挨砖头的狗，就必须学会谦逊。

时下，虽然是一个强调个性的时代，各种媒体也都在宣扬个性的重要性，张扬个性确实比压抑个性更让人感到舒适。然而，如果张扬个性仅仅表现为任性、意气用事，甚至是对自己的一种放纵，那么，这样的个性张扬对我们而言毫无益处。

社会需要的是能够被公众接受的个性。只有当你的个性能与创造性的才华和能力相结合时，这种个性才能被社会认可。如果你的个性缺乏包容性，仅仅表现为一种脾气，它往往只会带来负面的结果。因此，我们不应过度张扬自己的个性。

李雨欣在公司的企划部工作，她思维活跃，经常提出不少新颖的创意，被誉为整个部门的“点子王”，深得部门主管的器重。然而，在工作之外的私人交往中，李雨欣却因自身的一些缺点让同事和部门主管感到反感。

穿着新潮就不提了，李雨欣的发型在整个公司都堪称别具一格。不仅造型常常变化，颜色也十分引人注目。部门主管已经提醒过她好几次，但她每次都振振有词地回应：“这叫个性！您不是常说我们做企划的必须有自己的个性吗？”

平时上班时，李雨欣常常去洗手间，每隔30分钟就会进去一次，对着洗手间墙上的镜子不停地梳理发型，整理自己的装束。部门主管无奈地表示：“如果她的张扬仅仅止步于此，我也不会这么左右为难。问题是她太自我，完全不把别人放在眼里。你想跟她较真、讲道理，却很难说得通，因为她的辩解理由实在是太孩子气了。”

有一次，李雨欣出去复印资料，顺手将手机压在写字台上的文件上。恰巧她离开后，部门主管过来，急着找她要一份材料。见她不在，主管便将手机挪开，翻找后取走了所需的材料。结果，李雨欣回来时发现自己的手机似乎被人动过，桌面上的文件也显得凌乱，顿时情绪失控，大发脾气。她冲着周围的同事大声质问：“你们谁动了我的手机？怎么能不经过允许就乱翻别人的东西？难道不知道要尊重别人的隐私吗？”周围的同事都保持沉默。她本想继续追问，但随后被部门主管叫进了办公室。

部门主管在办公室里说道：“作为她的上级，我真不知道还能忍多久。虽然企划工作需要创意，我们也提倡个性，她的才华确实让人欣赏，但她张扬跋扈的性格实在令人难以理解。”

才华横溢固然值得骄傲，但学会收敛个性同样重要。过于张扬就像一把锋利的宝剑，虽锋利却易折断，终将在放纵中走向悲剧，难以在社会中立足。一个成熟的人应当懂得自我约束，并不断调整自己的个性。

有些人常说：“走自己的路，让别人去说吧！”但作为社会中的一员，我们真的能如此“洒脱”吗？社会是由无数个体组成的群体，每个人的生存空间并不宽广。因此，当你想伸展四肢放松一下时，必须注意不要碰到别人。当我们展现个性时，必须思考自己展现的是什么，并注意别人的感受和接受程度。如果你展现的个性压抑了他人的人性或侵犯了他人的权益，那么最明智的做法是收敛自己，而不是肆意张扬。

在现实生活中，有些人性格张扬，随心所欲，不愿妥协，结果往往是处处碰壁。而随着经历的增加，他们才逐渐学会权衡轻重，分清主次，懂得了内敛的重要性。

其实，岁月给予我们的不应仅仅是表面的成长，更应是内在底蕴的积淀。真正的张扬不应该是浮华的争斗或物欲的攀比，而应体现为低调的深沉、儒雅的风度，以及宽容和理解的胸怀。

糊涂一张脸，聪明一颗心

“聪明难，糊涂亦难，由聪明而转入糊涂更难。”郑板桥的这句话深富哲理。世上聪明人虽多，但能从聪明转而自觉糊涂者却寥寥无几。俗话说：“假聪明的人糊涂一生，装糊涂的人聪明一世。”这正是对这一道理的生动诠释。

生活中有这样一些人，他们表面上看起来很会做人，聪明伶俐，似乎能把现实当成了了于心的棋盘，做什么都显得游刃有余。然而，他们的一生却往往没有取得太大的成就。相比之下，那些表面糊涂但内心聪明的人则不同。他们在人群中显得平凡无奇，表面看似糊涂，但内心却洞悉世事。在他们的“小糊涂”中，蕴藏着“大聪明”。

有这样一个故事：宋太宗在北陪园饮酒时，臣子孔守正和王荣在席间陪侍。这两位臣子喝得酩酊大醉，竟然当场争吵不休，完全失去了臣下应有的礼节。内侍奏请太宗将二人抓起来送交吏部治罪，然而太宗却只是派人将他们送回家。次日，孔守正和王荣酒醒后，回想起昨晚在皇上面前的失态，顿时吓得面如土色，急忙赶往金銮殿向皇帝请罪。然而，宋太宗却微微一笑，说道：“昨晚，朕也喝醉了，已经记不得发生过这些事。”宋太宗假装自己也醉了，这样不仅没有失去皇帝的威仪，还使两位臣子心生惭愧，今后更加警醒。这种“装糊涂”的做法，既展现了宽宏大度，又赢得了人心，可谓一举两得。

俗话说：“水至清则无鱼，人至察则无徒。”一个人如果过于认真，未必是好事。在生活中，偶尔表现得迟钝一些、傻一些、糊涂一些，往往比过于敏感和精明更有益处。

人生在世，需要难得糊涂。对他人，应善于发现其长处，不拘泥于其短处；对事情，应能总揽全局，不舍本逐末。在大事上，要坚持原则，分清是非，顾全大局，头脑清醒，遵守道义，抑恶扬善；而在小事上，则不必过分计较，不小题大做，宽容大度，顺其自然。这既是一种策略，也是一种智慧。

在当今竞争激烈的社会中，要占有一席之地实属不易。在这种情况下，人生最难得的不是聪明，而是难得糊涂。有时候，揣着明白装糊涂，反而能让你拥有更大的力量。正如意大利诗人、散文家、剧作家阿雷蒂诺所说：“人如果不会装糊涂，就不懂如何生活。装糊涂既是盾牌，能刀枪不入；又是利箭，无盾可挡。”

事实上，揣着明白装糊涂，是一种达观，一种洒脱，一份人生的成熟，一份人情的练达。糊涂处事、精明做人，可以让人感受到一种平和，从而在吸收他人精华的同时，为自己的前途增添动力。

生活中，真正聪明的人往往懂得适度装糊涂。他们在遇事时不自作聪明、不夸夸其谈，也不会大发议论。相反，他们常常表现出一副对事情一无所知或似懂非懂的样子，有意无意地避开是非。这类人内心明察秋毫，却不轻易表露，从而避免得罪他人。无论身处怎样的环境，他们总能游刃有余地处理人际关系，活得舒适而从容。因此，所谓“糊涂”并非愚昧无知，而是一种为人处世的豁达与智慧，是一种“拿得起、放得下”的人生态度。

第四章

先控制好情绪，再处理事情

学会掌控情绪，做情绪的主人

人们常说：“冲动是魔鬼。”确实如此，一时的冲动和愤怒常常让人心生恶意，甚至伤害他人。在日常生活中，许多人因为情绪失控而做出让自己追悔莫及的事情。无法抑制的愤怒，不仅会让人错失解决问题的最佳时机，还可能导致难以弥补的损失，甚至带来沉重的代价。因为在愤怒之中，我们的理智往往被情绪压制，判断力也随之大打折扣。

多年前，在美国阿拉斯加州的一个小村庄里，有一对相爱的年轻人结婚了……婚后不久，年轻人的妻子因难产去世，留下了一个婴儿。年轻人为了养家忙于工作，精力有限，急需找人帮忙照顾孩子。然而，他的薪水微薄，雇不起保姆，亲戚朋友也都不在身边。情急之下，他训练了一只狗，希望它能协助照顾孩子。这只狗聪明伶俐，十分听话，似乎完全明白主人的意图。它在照看孩子方面甚至比保姆还要细致周到：能叼着奶瓶给孩子喂奶，陪伴孩子玩耍，在主人外出时尽职尽责地看护孩子。

一天，年轻人因有急事出门，临行前再三叮嘱狗一定要好好看护孩子。狗似乎听懂了他的嘱托，汪汪叫了两声，像是在保证使命必达。年轻人放心地离开了。然而，途中突遇大雪，他无法当天赶回家。

第二天，年轻人匆匆赶回家，当他推开房门时，眼前的一幕让他大吃一惊：满地鲜血，床上也尽是血迹，而孩子却不见了踪影。狗卧在地上，耷拉着舌头，嘴里满是血迹。年轻人看到这一切，脑海中第一个念头便是：狗兽性大发，把孩子咬死了。愤怒之下，他拿起刀，朝狗的头劈去，将其当场杀死。

事后，他瘫坐在地上，既愤怒又悲痛，欲哭无泪。就在此时，他忽然听到孩子的哭声。他心头一震，还没来得及反应，就看见小宝宝从床底爬了出来，身上沾满了血迹。年轻人连忙将孩子抱起，仔细检查他的身体，却发现孩子毫发无伤，只是被血染脏了衣服。这一刻，他才稍稍松了口气。

然而，他的疑惑也随之而来：孩子没事，这里究竟发生了什么？他环顾四周，目光落在狗的身上，发现狗的腿上少了一大块肉。再转头一看，床边竟躺着一只死去的狼，狼嘴里还叼着狗的肉。这一瞬间，真相浮出水面：狗为了保护孩子，与狼殊死搏斗，最终咬死了狼，却因伤口流血不止倒在地上。它用生命护卫了小主人，却不幸被主人误解，惨遭杀害。

这个故事告诉我们：人在愤怒之时，往往容易失去理智，做出错误的判断，甚至犯下无法挽回的过失。当怒火上头时，我们做出的任何决定都可能让自己后悔莫及。正如故事中的年轻人，因为一时冲动杀死了忠诚的狗，最终追悔不已。因此，无论遇到什么事情，我们都必须保持冷静，尤其是在情绪激动的时候，更要克制自己，耐心搞清事情的真相，切勿因一时冲动而酿成大错。

毕达哥拉斯曾说过：“愤怒始于愚蠢，终于懊悔。”我们要明白，人在盛怒之下的行为往往缺乏理智，事后懊悔几乎是不可避免的。既然如此，为什么不试着在当时控制住自己，避免做出那些注定会后悔的事情呢？

有一个小男孩，脾气十分暴躁，总是在家里摔东西、砸东西，任性地大发脾气。有一天，他的父亲把他带到后院的篱笆旁，对他说："从现在开始，每次你对家人发脾气，就在这篱笆上钉一颗钉子。过一段时间，你再来看看到底钉了多少颗钉子，好不好？"小男孩答应了。从那以后，每次他发脾气，就会往篱笆上钉一颗钉子。一天结束时，他数了数钉在篱笆上的钉子，不禁大吃一惊——竟然有这么多！这让他感到羞愧，开始意识到自己的行为确实不太妥当。

"你看，你要学会克制了吧？如果你能做到一整天不发一次脾气，就可以把原来钉上的一颗钉子拔下来。"爸爸说道。于是，小男孩开始思考：一天不发脾气才能拔一颗钉子，可是发一次脾气就得再钉上一颗钉子。要让钉子的数量减少，这可真不容易！但为了让钉子减少，他决定努力克制自己。

终于，有一天，小男孩把篱笆上的所有钉子都拔光了。这时，他突然发现，自己已经学会了控制情绪。"爸爸，快来看！我现在不再发脾气了，篱笆上的钉子都拔光了！"他高兴地对爸爸说。

爸爸和小男孩一起来到篱笆旁，爸爸语重心长地说道："孩子，你看，虽然篱笆上的钉子都已经拔掉了，但那些留下的洞却永远存在。事实上，每当你向亲人或朋友发一次脾气，就像在他们心上打了一个洞。你可以拔掉钉子，可以向他们道歉，但那些伤痕却无法完全消除。"

在生活中，如果你无法控制自己的情绪，任由情绪发泄，不仅会伤害他人，还可能给自己带来不必要的麻烦。因此，如果你不希望因为冲动而做出让自己后悔的事情，就一定要学会管理和控制自己的情绪。

学会有效地管理和调控自己的情绪，是一个人走向成熟、迈向成功的重要标志。我们要学会驾驭情绪，成为自己情绪的主人。每当发脾气或感到愤怒时，我们应该分析引发愤怒的所有原因，然后避免将自己置于那些痛苦的情境之中，并采取一些积极有效的措施来控制情绪。

以下是消除愤怒情绪的一些具体方法：

1. 寻求可信赖的人的帮助。当他们看到你动怒时，可以及时提醒你。当你接收到信号后，可以停下来反思自己的行为，然后努力延迟发怒的冲动。

2. 在愤怒时，先冷静下来，认真思考。提醒自己：过去可能习惯于消极看待事物，但现在不必延续这种模式。培养自我意识是十分重要的。

3. 主动进行情绪控制。可以通过提升自身的道德修养和锻炼意志力来缓解并降低愤怒情绪。例如，当感到愤怒时，可以在心中默念“不要发火，息怒、息怒”，这一方法往往能够产生一定的效果。

4. 当你感到愤怒即将爆发时，不妨花几秒钟冷静下来，用语言描述一下自己的感受以及对方的感受，以此缓解怒气。前10秒钟至关重要，如果你能够挺过这10秒，愤怒情绪便会逐渐平息。

5. 调整自己的心态。愤怒往往源于虚荣心过强、心胸狭窄、感情脆弱或盛气凌人的性格特点。对此，可以通过疏导的方法，将烦恼和怒气转化为更高层次的追求，升华为积极的动力，从而激发奋发向上的行动，达到情绪转化的目的。

学会控制情绪对于每个人而言都至关重要。它不仅是我们取得成功的前提，更是保障身心健康的基础。成为自己情绪的主人，不仅让你重新掌握生活的主导权，还会让你发现，当你能够掌控情绪时，所有难题都能更加从容地应对。

永远不要争论，因为你永远赢不了一场争论

在人际交往中，每个人都会遇到与自己不同的人。无论是思想观念、为人处世之道，还是对某人某事的看法和评论，这些差异都会在不同程度上外化为人与人之间的争执与辩论。然而，如果在争论中遇到一个愚昧无知的人，如何通过辩论获得胜利呢?

通常，一个人与愚者争论，可能会有三种结果：第一，他赢了愚者，却显得比愚者还愚蠢；第二，他被愚者赢了，显得连愚者都不如；第三，他与愚者平局，看起来和愚者一样。所以说，不要与愚者争论，否则旁人很难分辨谁才是真正的愚者。

某教授讲过一个关于“三季人”的故事：

一天清晨，孔子的学生子贡正在院门口打扫。有人走过来，问子贡：“您是孔子吗？”

子贡答道：“您有什么事需要向我们老师请教？”

那人说：“我想请教关于时间的问题。”

子贡回答：“这个问题我知道，我可以回答您。”

那人问：“一年有几季？”

子贡笑着答道：“一年有四季。”

“不对，一年只有三季！”

“四季！”子贡坚定地回答。

“三季！”

对方毫不退让。

“四季！！”子贡提高了声调。

“三季！！！”那人也毫不示弱。

于是，两人争论不休，从早晨一直争论到中午，依然没有结果。

孔子听到争论声，从院内走出来。子贡连忙上前，将事情原委告知，请孔子评判。

孔子没有立刻回答，而是观察了一会儿，然后说道：“一年确实只有三季。”

那人听后，哈哈大笑，满意地离去。

待那人走远后，子贡急忙问老师：“您平日教导我们一年有四季，且事实的确如此，为什么刚才却说一年只有三季？”

孔子笑着反问：“一年到底有几季？”

子贡坚定地答道：“四季。”

孔子点点头，说道：“没错，一年确实有四季。但刚才的情况不同。那人身穿一身绿色，显然是田间的蚱蜢化身。蚱蜢春天出生，秋天死亡，一生只经历过春、夏、秋三季，根本没有‘冬季’的概念。所以，在他的认知中，一年只有三季。你与这样的人争论，即使争三天三夜也不会有结果。如果不顺着他，他又怎么会如此痛快地离开呢？虽然你刚才吃了个小亏，但却学到了一个重要的道理。”

子贡听后，恍然大悟。

事实上，你很难通过辩论轻易改变他人的想法，尤其当对方缺乏基本的知识或认知时。因此，又何必与无知之人计较呢？选择不争论并不代表你的无知，恰恰相反，这更能反衬出那些急于争辩者的狭隘与浅薄。

林肯曾说过：“那些决心有所成就的人，绝不会将时间浪费在私人争执上，因为争执的后果是他们无法承受的。这些后果包括失去自制、情绪失控等。与其和狗争路，被它咬一口，不如让它先走。因为即便你宰了它，也治不好被咬的伤口。在涉及双方平等权利的事情上，可以多让步一些；而在那些显然是你正确的事情上，则可以少让步一些。”这正是他对我们的忠告：永远不要与人陷入无休止的争执，因为争执的结果只会让双方更加坚信自己绝对正确，而无法达成真正的共识。

用争论的方法无法改变他人的想法，反而会引发反感；争论引起的愤怒往往导致人际关系的恶化，而争论本身涉及的问题依然得不到解决。因此，当遇到争论时，最好尽量保持冷静，不要情绪化，用理智克制冲动。只有这样，才能化解矛盾，将大事化小，小事化无。

著名成功学大师卡耐基曾指出：在这个世界上，唯一能够从争论中获益的方法就是避免争论，就像避开响尾蛇和地震一样。绝大多数情况下，争论的结果只会让争执双方更加坚信自己的立场是绝对正确的。不必要的争论不仅可能让你失去朋友，还会浪费大量宝贵的时间。

布鲁斯是一家木材公司的推销员。多年来他与那些冷酷无情的木材检验员打交道，经常发生争执。尽管他通常在争执中占上风，但公司却因此常常赔钱。为了改变这一状况，他决定调整策略，不再与人争执。那么结果如何呢？以下是他讲述的一段经历：

一天早晨，他办公室的电话铃响了。电话那头，一个人急躁不安地通知他说，布鲁斯给他们工厂运去的一车木材全部不合格。他们已经停止卸货，并要求布鲁斯立即将货从他们的货场运回去。原来，在木材卸下四分之一时，他们的木材检验员报告称，这批木材的质量低于标准的50%。基于这一情况，他们拒绝接收木材。布鲁斯立刻动身赶往那家工厂。在路上，他一直思考如何妥善处理这一局面。以往，他通常会拿出判定木材等级的标准规格，与对方据理力争，并凭借自己多年的木材检验经验和专业知识，努力让对方相信这些木材达到了标准，而错误在于对方。然而，这一次，他决定采用不同的做法，尝试运用“避免争论”的原则来解决问题。

布鲁斯赶到场地，发现对方的采购员和审查员神态揶揄，摆出一副准备争吵的架势。他陪同他们走到已经卸下部分货物的货车旁，询问是否可以继续卸货，以便自己查看实际情况。同时，他提议审查员按照刚才的方式，将打算退回的木材堆放在一边，将合格的木材堆放在另一边。

观察了一会儿后，布鲁斯发现对方的审查过于严格，判断标准有误。因为这些木材是白松，而审查员擅长硬木的鉴别，却对白松并不了解。而白松恰好是布鲁斯的专业领域。不过，布鲁斯并未直接反对他们的分类方法。他一边仔细观察，一边以友好合作的态度提出几个问题，并表示他们完全有权挑出不合格的木材。布鲁斯的态度让审查员逐渐放松下来，双方的紧张气氛也随之缓解。渐渐地，审查员的态度发生了转变。他坦诚自己对白松缺乏经验，开始对每一块木材重新审查，并虚心征求布鲁斯的意见。最终，他们接受了全部木材，布鲁斯顺利拿到了全额支票。

正如古语所说：“用争夺的方法，你永远得不到满足；但用让步的方法，你可能得到的比你期望的更多。”聪明人深知，避免争论往往能带来更大的利益。

所谓“水善利万物而不争”，有多少人在“不争”中收获了无尽的乐趣与美满，又有多少人在争抢中深陷愤怒的旋涡，与幸福背道而驰、擦肩而过。在意见产生分歧时，心平气和的讨论才能帮助我们认清客观事实和真理，而在激烈的争辩中，我们往往只能固守个人主义的立场。静下心来想一想，在争辩中我们究竟能得到什么？除浪费时间、消耗精力，换来别人违心的妥协，并给自己留下“莽夫”的印象外，我们几乎一无所获。因此，如果你想避免制造对立情绪，并希望建立良好的人际关系，请记住：永远避免与他人争论。

为小事大动肝火，伤人又害己

生活中，我们常常见到人们愁眉苦脸、抑郁伤感、大发脾气，而追根究底，这些情绪大多源于一些微不足道的小事。人生是如此短暂，为了鸡毛蒜皮的小事而耿耿于怀，为此浪费时间、耗费精力，实在是不值得。

1965年9月7日，世界台球冠军争夺赛在美国纽约举行。路易斯·福克斯的得分一路领先，只需再得几分便可稳拿冠军。然而，就在这关键时刻，他发现一只苍蝇落在主球上。他挥手驱赶苍蝇，可当他俯身准备击球时，那只苍蝇又飞回到主球上。在观众的笑声中，他不得不再次驱赶。苍蝇的干扰破坏了他的情绪，更糟糕的是，这只小小的苍蝇似乎故意与他作对。每当他回到球台，苍蝇总是再次飞回，引得观众哄堂大笑。路易斯·福克斯逐渐方寸大乱，接连失误。而他的对手则愈战愈勇，最终赶超了福克斯并夺得桂冠。第二天早晨，人们在河中发现了路易斯·福克斯的尸体，他因投河自杀而结束了自己的生命。

为了与一只小小的苍蝇斗气，路易斯·福克斯不仅失去了冠军，还付出了生命的代价，这无疑是因小失大、得不偿失。在现实生活中，也不乏类似的例子。许多人过于在意生活中的琐事，结果不仅让自己烦恼不堪，还可能酿成更大的遗憾。事实上，许多烦恼并非源自什么重大事件，而往往是因为对身边琐事的过分计较和纠缠。

生活中，总会有让人生气、令人恼怒的事情发生。作为理智的人，为了更好地工作和生活，面对各种不愉快时，需要学会忍耐和控制情绪。如果不加节制地放纵情绪，首先受伤害的只会是自己。英国著名作家迪斯雷利曾说："为小事生气的人，生命是短暂的。"如果你能真正理解这句话的深意，就会明白，有些小事根本不值得耗费情绪去生气。

有这样一个故事：一位农夫因为一件小事与邻居发生争吵，双方争执得面红耳赤，谁也不肯让步。最后，农夫气呼呼地去找一位智者寻求评理。这位智者是当地最有智慧、最公正的人，农夫相信他一定能判断谁对谁错。

"智者，请您帮我们评评理吧！我的邻居简直不可理喻，他竟然……"农夫怒气冲冲，一见到智者便开始抱怨和指责。然而，就在他准备滔滔不绝地控诉邻居时，智者打断了他。

智者平静地说："对不起，我现在正巧有事，请你先回去，明天再说吧。"

第二天一早，农夫又来了，但显然没有了昨天的怒气。

他依旧不满地开口："今天您一定要帮我评个是非，那个人实在是……"他说着，又开始数落起邻居的不对。

智者不慌不忙地说："你的怒气还没有消退，等你心平气和了再说吧。正好我昨天的事情还没有处理完。"

接下来的几天，农夫没有再去找智者。一天，智者散步时遇到了农夫。农夫正在田里忙碌，心情显然已经平静了许多。

智者问道："现在你还需要我来评理吗？"说完，他微笑着看着农夫。

农夫羞愧地笑了笑，说："我已经心平气和了！现在想想，那根本不是什么大事，不值得生那么大的气。倒是给您添了麻烦。"

智者微笑着说道："这就对了。我没有急着和你谈这件事，就是想给你一些时间，让你冷静下来，消消气。"

人生在世，难免会有令人气恼的事情。但既然如此，何不以更加豁达的心态面对生活？少为一些无关紧要的小事生气，多去寻找快乐，珍惜并过好每一个宝贵的日子。

其实，在每个人的生活中，时不时会发生一些不愉快的事情。也许是因为别人一次不小心，把茶水洒在了自己的衣服上；也许是自己在开会时迟到了几分钟；又或者是中午的饭菜不合口味……这些鸡毛蒜皮的小事，总会出现在我们的生活里。然而，不同的人面对这些事情的方式却有很大的不同。心胸开阔的人往往一笑置之，不为这些小事继续烦恼，而那些喜欢钻牛角尖、心胸狭窄的人，则会沉溺于这些小事中，反复自寻烦恼，最终只会耽误更重要的事情。

一位作家曾说过这样一段话："人生就像在建造一座大厦。当一个人到了一定年纪时，会发现自己这座大厦的外观虽然坚固完好，但内部却存在许多小问题，比如水管失修、墙壁剥落等等。然而，这些小问题并不足以让人推倒整座大厦重建。因为一旦拆掉，可能连自己是谁都忘了。由此可见，只有拥有豁达的心胸，才能让自己的人生更加完美。"

在纷繁复杂的生活中，不可能事事尽善尽美，也不可能件件称心如意。不如意的事情总会时有发生。对于日常生活中一些鸡毛蒜皮的小事，完全没必要大动肝火。面对那些不值得生气的小事，我们何不用微笑去面对呢？微笑代表豁达和宽容，它不仅能化干戈为玉帛，还能让我们保持心态的平和与宁静，从而免受怒气的伤害。

法国作家莫洛亚曾说："我们常常因为一些微不足道的小事受到干扰，因而失去理智。这些事情既不引人注意，也应当迅速被遗忘。然而，我们却常常为这些无聊琐事纠缠不休，白白浪费了许多宝贵的时光。试问，时过境迁之后，还有谁会对这些琐事感兴趣呢？不，我们不能这样生活。我们应当把生命投入有价值的事业和崇高的情感之中。"如果我们将精力投入那些真正值得奋斗的事情上，就不会有时间为琐事叹息、悲哀，生命也就不会浪费在那些不值得的人和事上。

"忍"是做人的智慧，二十几岁时，请学会忍耐

年轻人闯荡社会，难免会遇到不顺心的事情：或被羞辱，或被误解，自尊心受到强烈的冲击。这时，往往有两个选择：一是针锋相对，坚决回击；二是以退为进，强忍自安。而实践证明，许多时候，能忍一时之辱的人才是真正的强者。

俗话说："心字头上一把刀，一事当前忍为高。"忍让是一种美德，同时也是一种修养。忍有极大的好处：忍是修身养性的

前提，是安身立命的法宝，是众生和谐的基石，是成就大业的利器，也是生财致富的妙门。忍一时风平浪静，退一步海阔天空。为了长远的考虑，不必计较一时一事的得失，没有什么是不能忍的。

韩信年轻时家境贫寒，一事无成，因而家乡的人都看不起他。有一天，一群市井无赖拦住了他，其中一人对他说："如果你有胆量不怕死，就杀了我；如果你怕死，就从我裤裆下钻过去，否则我绝不善罢甘休！"威猛高大的韩信强忍心中的怒火，当着众人的面毅然从那人胯下钻了过去。为此，家乡的人更加看不起他，认为他不仅无能，而且懦弱。

其实，韩信并不是一个懦夫。他能够忍受那样大的屈辱，是因为他有远大的抱负。他清楚地知道，没有必要因为和那个无赖争斗而毁掉自己的前程。后来，韩信率领千军万马，逐鹿中原，所向披靡，战功赫赫，成为一代名将。他与部下谈起这件往事时说道："难道我当时没有胆量杀他吗？只不过，如果我杀了他，我的一生也就毁了。正因为那时能够忍耐，我才有了今天的地位和成就。"

在常人看来，"胯下之辱"让人难以忍受，是奇耻大辱。然而，韩信却能够忍受，这需要何等的胸襟和气魄！这样的忍耐，说起来容易，真正做到却难上加难。古往今来，又有多少人能够做到像韩信那样隐忍呢？

忍让并不是懦弱地退缩，而是一种有意识的忍耐，其目的是为了有朝一日东山再起。当命运陷入无可掌控的境地时，就需要心平气和地接受自己的弱势地位，并坚韧地忍耐。通过在弱势中积蓄力量，逐步发愤图强，最终摆脱不利的处境，适时出击，争取成功的机会。忍耐能够为人赢得时机，创造更大的发展空间。

因此，从某种意义上说，忍耐是一种等待，是为了实现伟大的目标而等待时机成熟。这种忍耐，不是性格软弱、忍气吞声、委屈求全的表现，而是聪明人的一种谋略，是为人处世的上上之策。

一个人若想成就大事业，就必须忍受常人无法忍受的屈辱。当历史赋予你重大的使命时，你需要拥有宽广的胸襟，去包容世间的不公，并做好吃苦受辱的准备。这不仅是命运对你的考验，也是对自身意志和修养的检验。

香港女作家亦舒有一句名言："忍无可忍，从头再忍。"这句话道出了"忍"在现实中的重要意义。当人与人之间发生矛盾时，只要一方采取"忍"的态度，主动放弃对抗，就能使矛盾失去进一步激化的可能，从而促使问题得以缓解。

唐朝的娄师德为人深沉，气度恢宏，具有非凡的忍耐力。他的弟弟因被罢免官职而愤愤不平，娄师德劝诫他说："你要学会忍让，不要因为被罢官而大动肝火。"他的弟弟反问道："如果别人把唾沫吐到我脸上，总可以擦掉吧？"娄师德答道："不行。如果你擦掉，反而会激怒吐你唾沫的人。你应该让它自然风干。"娄师德凭借这种宽容和忍让的品格，赢得了武则天的赏识，最终官至宰相。

然而，"忍"并非意味着一味地退让或逃避，而是一种以退为进的智慧策略。只有真正领悟了"忍"的深意，才能在困境中平静下来，从自身找原因，提升修养，将眼前的不顺视为磨炼意志的机会，为未来的成功铺设基石。

无论是谁，如果想要有所成就，忍耐是一个非常重要的品质。没有忍耐，就很难一步一步地向上攀登，抵达更高的平台。如果心态浮躁，缺乏耐心，就会使自己离成功越来越远。忍耐是克服一切困难的重要保障，它能够帮助人们完成各种任务，实现理想目标。

有一位年轻人毕业后被分配到一个海上油田钻井队工作。在海上工作的第一天，领班要求他在限定的时间内登上几十米高的钻井架，把一个包装精美的盒子送给在井架顶层的主管。年轻人抱着盒子，快步登上狭窄的、通往井架顶层的舷梯。当他气喘吁吁、满头大汗地登上顶层，把盒子交给主管时，主管只是拿起笔，在盒子上签下自己的名字，然后又让他送回去。

年轻人只得快步走下舷梯，把盒子交给领班。领班同样在盒子上签下自己的名字，又让他再次送给主管。

年轻人看了看领班，犹豫了一下，但最终还是转身登上舷梯。当他第二次登上井架顶层时，已经累得浑身是汗，两条腿也开始发抖。主管依旧如第一次一样，只是在盒子上签字，然后让他再次把盒子送下去。年轻人擦了擦脸上的汗水，默默转身走下舷梯，把盒子交给领班。然而，领班在签完字后，还是让他再送上去。

年轻人终于感到愤怒了，但他努力克制自己的情绪，抬头看了看那已经爬上爬下了多次的舷梯，抱起盒子，步履沉重地再次向上攀爬。当他第三次登上顶层时，整个人已经被汗水浸透，汗水顺着脸颊不停地往下淌。他将盒子递给主管，主管看了他一眼，慢条斯理地说道："把盒子打开。"

年轻人撕开盒子外面的包装纸，打开盒子——里面是两个玻璃罐：一罐是咖啡，一罐是咖啡伴侣。年轻人看到这些，终于再也无法抑制心中的愤怒，瞪着主管，目光中满是怒火。主管却不紧不慢地对他说："把咖啡冲上。"此时，年轻人再也忍不住了。他"啪"的一声将盒子扔在地上，怒声说道：“我不干了！”说完，他看着被摔在地上的盒子，心里似乎痛快了许多，刚才压抑已久的愤怒终于发泄了出来。

这时，主管站起身，直视他说：“你可以走了。不过，看在你已经上来三次的份上，我可以告诉你，刚才让你做的这些被称为‘承受极限训练’。因为我们在海上作业，随时可能遇到危险，这就要求队员们具备极强的承受能力，能够面对各种危险的考验。只有这样，才能成功完成海上作业任务。很可惜，前面三次你都通过了，只差最后这一步。你没有喝到你亲手冲的甜咖啡。现在，你可以走了。”

俗话说：“小不忍则乱大谋。”懂得忍耐有助于成就事业，而意气用事只会让人错失良机。生活中的许多事情就是这样，一时的冲动往往会导致日后的悔恨，实在是得不偿失。

“忍”是成功的基础。“心上斜插一把刀”生动地体现了“忍”字的艰难。然而，如果你希望成就大业，就必须忍受常人难以忍受的挫折与困境。不过，这种“忍”并非性格软弱、忍气吞声、含泪度日的表现，而是一种高明的谋略，是为人处世的最佳策略。严于律己，宽厚待人；胜不骄，败不馁；处变不惊，保持平常心；感恩惜缘，回报社会——这些都是成功者在坚忍人生中展现的伟大品格。

豁达面对生活，凡事不必斤斤计较

“水至清则无鱼，人至察则无友。”做人不能对一切都漠不关心，游戏人生，玩世不恭；但也不能过于计较、事事较真、认死理。如果太过计较，就会对什么都看不惯，甚至连一个朋友也容不下。这样只会让自己封闭孤立，失去与外界的沟通与交流。

北宋名将狄青和猛士刘易之间有这样一段故事。有一年，狄青奉命出守边塞，他的好友韩将军向他推荐了一位猛士，这人名叫刘易。刘易精通兵法，善于打硬仗，对狄青负责防守的那段边境的情况也十分熟悉。因此，带上刘易一同前往边塞显得尤为重要。然而，刘易有一个很不好的嗜好：他特别嗜好苦荬菜。一顿饭如果没有苦荬菜，他便会大呼小叫，咒骂不休，甚至可能动手打人，以至于士兵和将领都对他颇为忌惮。

刘易随狄青到达边塞后，因军务繁忙，大家每日早出晚归。而从内地带来的苦荬菜很快就消耗殆尽，而边塞一带又找不到这种野菜。一天，士兵送来的饭菜中没有苦荬菜，刘易顿时怒不可遏，将盛饭菜的器皿摔在地上，在军营中大吵大闹。士兵们无奈，只得将此事报告给狄青。狄青听闻后，勃然大怒。

狄青觉得，刘易这样的人绝不能留在戍边军队中。然而，刘易确实与众不同。狄青考虑到，与这样性格刚烈的人正面冲突，不仅会破坏自己与韩将军的友谊，还会影响刘易的情绪；但若置之不理，势必会动摇其他士兵的军心，影响戍边大局。

于是，狄青亲自出面，好言安抚刘易，并立即派人回内地取苦荬菜。一些将领见此情形，心生不满，认为狄将军骁勇善战，屡建奇功，而刘易何德何能，竟让狄将军放下军务，派人专门为他取苦荬菜。尤其是一些性格刚烈的将领甚至提议与刘易比试武艺，以挫其锐气。对此，狄将军急忙劝阻众将，说道：“刘易原本不是我的部下，如果你们与他计较，争强好胜，传出去势必给敌人以可乘之机。眼下我们要加强团结，决不能因一时短长而伤了大局。”

这些话传到刘易耳中后，他深受感动。狄将军派人专程取苦荬菜，令刘易感到被同情与理解；而劝阻将领勿与自己争胜，展现了狄将军真正的顾全大局与宽宏大量。在这样的情形下，刘易认识到自己不该再为事务繁忙的狄将军增添麻烦。

过了几天，刘易懊悔地去找狄青，说道：“狄将军，您治军严整，我在韩将军手下时就有所耳闻。这次我因一点小事就大闹，您不仅没有责怪我，还宽容了我。我一定会铭记在心，将来报答您的恩德。”从此，刘易再也没有因为苦荬菜闹过事，而且逢人便称赞狄将军宽广的胸怀。

在这里，狄青堪称善于灵活变通的典范。假如他选择与刘易斤斤计较，在刘易大闹军营时严加处置，不仅难以达到预期的效果，反而可能影响自己所负责的边防事业。而他如今的做法，不仅成功收服了刘易的心，也赢得了其他将领和士兵的拥戴。狄青的处事之道，凭借其宽容的胸怀，令人心悦诚服。

“人非圣贤，孰能无过。”与人相处应当互相谅解，要懂得难得糊涂，拥有宽广的肚量，学会适度包容，才能真正接纳他人。如此一来，你会收获许多知己，并让诸事顺遂。相反，若事事锱铢必较，言行斤斤计较，甚至无理辩三分，最终只会让人远离你，使自己陷入众叛亲离的境地。

做人做事不应该过于计较。太过计较会让人对任何事情都较真，只看到身边事物的瑕疵，却忽略它们的美好。然而，要做到真正的不计较、宽容待人，并非易事。这需要良好的修养、善解人意的思维方式，以及能够设身处地、从他人角度考虑问题的能力，多一些体谅和理解。

新婚夫妇感情深厚，但妻子逐渐感到丈夫没有以前那样关心自己了。随着丈夫的工作越来越忙，妻子的意见越来越大。然而，丈夫显得不耐烦："女人就是见识短，不懂得体贴。"两人开始越来越多地注意到对方的"变化"。丈夫出门时不再道别，也不再主动刷碗，更不关心妻子的穿着；而妻子则觉得丈夫变得冷漠，总是挑剔他的小毛病。终于，某一天，两人面对面坐下来"谈判"。妻子列出了丈夫的种种"过失"，一张长长的清单；令她意外的是，丈夫也列了一份同样长的清单，记录着妻子的"挑剔"。两人交换清单阅读，却发现内容充满了琐碎的"小细节"。一起读着，他们竟忍不住笑了起来。

清单上的内容让人哭笑不得：牙刷没摆好，牙膏不是从下往上挤，开玩笑提到她的母亲，没有按约定去见她的朋友，在她生病时还和朋友打球……而丈夫的清单上也写满了类似的小事：总是看无聊的肥皂剧，没有为他的母亲准备生日礼物，不让他吃辣，总是挑剔他的发型显得有些随意，在朋友面前又常常表现得过于小气，动不动就发脾气，做饭时味道总是偏淡……

其实，这些问题在婚前双方就有。两人不禁陷入思考：问题究竟出在哪里？或许，答案就在于——不该过于计较。

作为夫妻，过的是人间烟火的日子，谁也不可能做到十全十美。因此，双方都应学会包容彼此的缺点。只要不是触及原则的大问题，就没有必要苛求完美。该忘记的就要学会放下，过去的事情就让它过去。继续纠缠或争论，只会让感情裂痕加深。一个幸福的家庭，需要适度的"坏记性"。

俗话说："人无完人。"生活中确实如此，缺点和不足是每个人都不可避免的，无一例外。在人与人的交往中，如果我们总是过于关注、计较别人的缺点和不足，就很难对他人感到满意。这种态度可能让我们嫌弃、厌恶他人，从而影响与同学、同事、朋友、亲人、爱人的关系，破坏最基本的和谐与团结，甚至可能因此失去珍贵的友情、亲情和爱情。然而，如果我们能以宽容的心态看待他人的不足，学会适时地“睁一只眼，闭一只眼”，给予他人更多的信任，同时让自己轻松一些，生活将变得更加美好。

总而言之，凡事不必过于计较，否则只会让自己疲惫不堪。人生苦短，无论是工作、生活还是爱情，我们都应以轻松的心态去面对，凡事可以多一分淡然。不计较，就不会过于在意；不在意，就不会轻易受伤。凡事不必太过较真，不必追求完美，有时候学会“装糊涂”反而更显洒脱，这才是豁达的处世之道。

不要让抱怨毁了你的生活

在日常生活中，许多人都有抱怨的习惯。家人、朋友、同事、老板、工作、社会——所有与他们有关联的人和事都可能成为他们抱怨的对象。虽然抱怨不像愤怒那样会集中爆发，但它仍然会对我们的生活产生非常负面的影响，就如同长期服用慢性毒药，不知不觉间渗透到我们的骨髓深处。对于习惯抱怨的人来说，抱怨就像空气一样笼罩着他们。他们对世间的一切都充满挑剔，仿佛没有任何事情能够让他们满意。这种不满的情绪随着他们不断地抱怨在心中逐渐发酵，使他们总是怨气满腹，情绪低落，与轻松愉快的生活渐行渐远。

曲立坤大学毕业后，凭借在校期间的优异成绩，进入了一家合资企业工作，并预计在五年内晋升为部门经理。

满怀雄心壮志的曲立坤进入公司后，准备大展身手。企业文化提倡民主，鼓励基层员工与管理层平等对话和沟通，这一点让她十分认同。于是，她经常根据自己的看法向部门领导提出意见。而部门领导也表现出虚心求教的态度，耐心倾听她的建议。然而，令曲立坤失望的是，事后她很少得到及时的反馈，渐渐地，她开始认为领导并非虚心接受意见，而是根本无意改进。

对此，曲立坤感到心灰意冷，不再主动提意见，而是转而发牢骚。随着时间的推移，她对工作的满意度持续下降，工作中也频频出错，多次受到领导的批评。最终，公司决定解聘她。

曲立坤自我安慰地说："换个工作环境也好。"不久后，她进入了一家外资公司。然而，没过多久，她便发现这家公司的管理水平远不如之前的公司，日常运作中存在太多问题。一时间，她爱抱怨的毛病又犯了，因此还与顶头上司发生了几次争执。这一次，她没有等到被解聘，而是主动提交了辞呈。

就这样，在短短五年的时间里，曲立坤换了十几份工作。每次，她都发现新公司的种种问题，抱怨越来越多，原本的职场晋升计划最终变成了一场泡影。

究竟是什么扼杀了曲立坤的晋升梦想？答案是：抱怨。抱怨不仅解决不了问题，反而会让你更加专注于问题本身。无论是埋怨外界的环境，还是过度自怨自艾，都会增加心理压力，让你更难以应对那些真正需要解决的困难。

生活中本来就不是事事如意，也不会十全十美。相反，起起落落、悲欢离合才是生活的常态。这是现实，你必须接受，因此不要抱怨。能够忍受不公平的待遇，并以平常心对待，这是一种人生境界，也是我们努力追求的方向。要坦然面对生活，用微笑迎接一切困难。如果一旦遇到波折、困难或不如意的事，就抱怨他人，感叹自己“怀才不遇”，悔恨“明珠暗投”，对生活失去兴趣，对美好的事物丧失追求，这种心理不仅会消磨人的志气，还会成为一个人生活幸福的致命伤。

经常抱怨的人，其实是不热爱生活的人，或者说是不理解生活的人。生活需要被理解。如果不理解生活，就会常常感到愤愤不平，觉得怀才不遇，满腹牢骚，甚至认为自己运气不佳。

一位作家曾说：“抱怨和责怪是徒劳无益的。你可以尽情抱怨别人，拼命责怪他们，但这些对你自己不会有任何帮助。抱怨的唯一作用是为自己开脱，把情绪上的不快或低落归咎于他人或外界。然而，抱怨本身是一种愚蠢的行为。”

张明正出身于一个贫寒的家庭，读书时成绩也不尽如人意，经常受到老师的批评。高中毕业后，他甚至连普通大学都没考上。拿到高考成绩后，平时爱抱怨的张明正变本加厉，不停抱怨家庭条件不好，责怪父母没有为他创造良好的学习环境，却从未正视自己的不足。

由于父亲确实无法为孩子提供优越的物质条件，当张明正平日里抱怨时，父亲总是耐心地教导他，要凭借自己的努力去取得成功，而不要像自己一样碌碌无为地度过一生。

然而，这次面对张明正的抱怨，父亲却愤怒了：“张明正，我人生的失败是因为我自己无能！但你的失败只能由你自己负责！与其无休止地抱怨，不如静下心来埋头做事！”一向温和敦厚的父亲突然发脾气，不仅让张明正感到震惊，也让他如梦初醒。从那之后，张明正果然不再抱怨。他通过一年的努力补习，最终成功考取了台湾辅仁大学应用数学系。

自此，张明正不再抱怨自己出身贫寒，也不再抱怨世道不公，而是勇敢面对困境与挫折。他以“开口抱怨不如闭嘴做事”作为人生的座右铭。正因如此，他学会了接受自己出身贫寒的现实，也坦然面对起跑线落后的事实。他深知，要想提前到达终点，唯一的办法就是拼尽全力在生命的跑道上奋力奔跑，而不是怨天尤人地抱怨起点的不足。

在大学期间，张明正始终致力于不断提升自己。毕业后，他凭借不懈努力创办了自己的公司。基于个人的切身体会，他提出了“开口抱怨不如闭嘴做事”的理念，并将其融入公司文化。在这一理念的推动下，他的公司迅速成长壮大。张明正带领员工们秉承这一精神，在商海中奋力拼搏，最终在高科技行业崭露头角，成为行业领军人物。

在短短的时间内，张明正凭借5000美元在洛杉矶创业。经历商海沉浮后，他创立的趋势科技公司现已发展成为全球最大的单一软件公司之一。此外，张明正还连续两次被美国《商业周刊》评选为“亚洲之星”。

抱怨是世界上最没有价值的表达方式。单纯地抱怨自身处境，不会对改善现状产生任何帮助。只有静下心来深入分析问题，坚定决心去改变，并付诸行动，事情才能朝着理想的方向发展。一分耕耘，一分收获。不要寄希望于通过抱怨或感叹取得进步。事情的进展完全取决于你的实际行动。事在人为，只要你努力争取，梦想终会实现。

荀子说：“自知者不怨人，知命者不怨天。怨人者穷，怨天者无志。失之己，反之人，岂不迂乎哉！”这句话的意思是，我们要学会自我调适，对自己和环境都要有清醒的认识，尽量冷静下来，深入思考问题，找到解决之道。只有这样，才能不怨天尤人，把命运的主动权牢牢掌握在自己手中。

抱怨生活只是弱者为失败寻找的借口。生活本来就不公平，因此永远不要抱怨它，因为生活根本不会在意你是谁！只有用平常心去面对生活中的不如意，心中的阴霾才能逐渐消散。

善待批评，虚心接受

在现实生活中，有些人一听到批评意见，就如芒刺在背，不管批评是否合理，便主观地认为批评者是故意与自己作对。这样的人往往经不起批评，一旦被责骂就立刻情绪失控，注定难成大器。而成大事者，往往能虚心接受他人的批评，从中发现自己的不足，并不断改进与成长。

在第25届金酸莓奖颁奖典礼上，哈莉·贝瑞亲自从颁奖人手中接过了“最差女主角”奖杯。

金酸莓电影奖设立于1981年，与奥斯卡奖恰好相反，是专门用来评选最差影片、最差导演和最差演员的奖项。对于这一带有恶作剧意味的颁奖典礼，好莱坞的明星们大多嗤之以鼻。过去，不仅没有一位当红女明星参加过金酸莓颁奖仪式，更没有任何女明星敢于亲自到场领取“最差女主角”奖杯。

哈莉·贝瑞是好莱坞著名女演员之一，曾凭借出色表现获得第74届奥斯卡最佳女主角奖。然而，她主演的电影《猫女》却在第25届金酸莓奖中被评为“最差”，而她本人也获得了“最差女主角”奖。

得知这一消息后，哈莉·贝瑞表示将亲自出席金酸莓奖颁奖典礼。她坦言："作为演员，不能只接受他人的赞美，而拒绝面对批评和指责。既然我能够参加奥斯卡颁奖典礼并接过小金人，那么我也应该有勇气去领取金酸莓奖杯。"

颁奖当晚，哈莉·贝瑞大方地走上舞台，接过了金酸莓"最差女主角"奖杯。在发表获奖感言时，她幽默地说道："我从未想过自己会站在这里，赢得'最差'奖。这可不是我曾经立志追求的目标。但我仍然要感谢你们，我会把你们的批评视为一笔珍贵的财富。"

她的坦率与风度赢得了全场的热烈掌声。

颁奖结束后，记者围住了哈莉·贝瑞，问她为何敢于面对争议前来领奖。她坦然回答，接受批评并非丢脸，不接受批评反而会让自己失去更多。她举起手中的"最差女主角"奖杯，说道："我要把它放在我的厨房里，每天都能看到它。即使全世界的赞美像飓风一样袭来，只要看它一眼，我就不会被吹到云端。在大家都对你称赞和恭维的时候，批评的声音最为珍贵，因为它能让你保持清醒，不至于迷失自我。"

一个人若想取得进步和成功，就必须学会接受批评、善待批评。唐太宗李世民曾说："以铜为鉴，可以正衣冠；以古为鉴，可以知兴替；以人为鉴，可以明得失。"坦然接受他人的批评，不仅体现了心理的强大，还能助推我们不断成长。通过他人的批评，我们可以发现自身的不足并积极改进。如果对外界的声音充耳不闻，我们可能会变得狂妄自大，或陷入盲目自卑。正所谓"旁观者清，当局者迷"，我们对自己的认识往往带有主观偏见，而他人对我们的评价则更为公正客观。

现实生活中，人们往往能够通过他人的批评正视并修正自己的错误行为，从而提升自身能力。必须承认，除了少数别有用心者的恶意诽谤之外，大多数批评是善意且正确的，针对的正是我们的缺点和不足。与其等待敌人的攻击，不如认真对待身边人的批评，主动对自己的不足进行检视和改进。

有一位年轻的香皂推销员，他竟然主动请求别人批评他。当他刚开始为高露洁公司推销香皂时，订单寥寥无几，这让他十分担心自己的职业前景。他苦苦思索，认为问题一定出在自己身上。于是，每次推销失败后，他都会反思：是自己表达得不够有说服力，还是热情不足？有时，他甚至会折返回去问商家："我这次不是来卖香皂的，而是希望听取您的意见和建议。请告诉我，我刚才哪里做得不对。您经验丰富，事业有成，请不吝赐教，直言不讳。"

他的这种态度为他赢得了许多友谊和宝贵的忠告，而这位年轻推销员后来成为高露洁公司总裁，他就是立特先生。

坦然接受别人的批评，才能认真分析批评的对错以及自身的得失。同时，敢于接受批评的人，也展现了极大的勇气和自信。将别人的批评视为理所当然，并坦然接受，能够把批评中潜在的负面情绪转化为积极的推动力。相反，如果一个人心不甘情不愿地接受批评，他最多只是勉强承认自己的失误，但未必会认真改正。这种态度往往带有赌气的成分："你不是要挑我的毛病吗？我偏偏不改！"因此，对于别人的批评，我们要克服内心的不悦，以平常心对待，用积极的态度提升自己。

认真考虑别人的批评，别人才会愿意继续帮助我们进步。当他人诚心诚意地提出批评时，如果我们不虚心接受，反而盲目地反唇相讥，难免会挫伤对方对我们的感情和积极性，甚至在两人之间筑起心理壁垒。久而久之，我们便会变得孤立无援，失去成长和进步的机会。

面对别人的批评，保持冷静并虚心接受是至关重要的。然而，我们同时需要具备客观评价自己的标准，否则就难以判断别人的批评是否出于善意。此外，还要有自己的主见，这样才能在面对不同意见时不至于慌乱或无所适从。需要注意的是，别人的批评并不总是对我们有利，有时可能出于恶意，意在伤害我们。有时候，由于对事情的看法不同，善意的批评也可能存在错误。因此，对于他人的意见，我们要学会分析和鉴别。

第五章

做好人情文章
——成在施情，败在无情

人际网络比你想象的还重要

人际关系在社会生活中起着举足轻重的作用。良好的人际关系是我们事业成功和生活幸福的重要源泉。拥有丰富而有效的人际网络，我们在这个世界上就会如鱼得水。许多年轻人刚刚步入社会时，常常会感到处处碰壁，这往往是因为他们缺乏良好的人际网络。

有这样一个寓言故事：

一只青蛙遇见一只蜘蛛，诉说起自己的不满："唉！命运真是不公平！我从蝌蚪时代起便辛勤劳作，从未有过一天懈怠，但一生也不过勉强糊口。如今，我年近花甲，已经没有力气再干活了，等待我的只能是饥饿而死。而你呢？我从未见过你辛勤劳作，却衣食无忧。就算现在年老了，你依然不愁吃喝，还有人主动为你投网送上美味佳肴。不是说'天道酬勤'吗？我怎么会落得如此境地呢？"

蜘蛛回答说："你说我不劳作，这可不对。想当年，我每天辛辛苦苦，日复一日地编织这张网。正是靠着这张网，我才能维持生活。而且，这张网不会因为我年老而衰退。因此，尽管我年事已高，却无须为温饱发愁。如果我像你一样，只靠这几条纤细的腿来谋生，恐怕我的处境会比你更惨。"

这个寓言蕴含着深刻的启示：蜘蛛之所以能够安享晚年，靠的正是它精心编织的网。事实上，人生也与蜘蛛织网相似——我们需要用心经营自己的“网”，然后耐心等待，总会有机会到来。

如何让人生过得更精彩？方法很简单——编织一张良好的人际关系网。

马克思曾说：“人的本质就是社会关系的总和。”社会如同一张巨大的网，而我们每个人只是其中的一个节点。你与更多的人建立有效的联系，就能让自己的生活四通八达。这张关系网，便是通向成功彼岸的一条捷径。反之，如果你只是孤零零的一个节点，无论多么重要，最终也难以发挥实际作用。

在当今社会，人际关系的重要性不言而喻。几乎所有的事业都离不开人际交往，良好的人际关系是通向财富与成功的通行证。建立人脉网络并不是在需要帮助时临时抱佛脚，而是未雨绸缪，在需求出现之前就建立起稳固的关系网。这样，当你需要帮助时，就能迅速找到那些愿意并有能力帮助你的人。

一流人脉资源专家哈维·麦凯从大学毕业的那天起就开始找工作。当时大学毕业生并不多，他以为自己可以找到一份理想的工作，结果却四处碰壁、一无所获。幸运的是，哈维·麦凯的父亲是一名记者，结识了一些政商两界的重要人物，其中一位便是查理·沃德。查理·沃德是布朗比格罗公司的董事长。四年前，沃德因税务问题入狱服刑。哈维·麦凯的父亲认为沃德的逃税案有些疑点，于是前往监狱对沃德进行了采访，并写了一些客观公正的报道。沃德对这些文章非常感激，甚至感动得几乎落泪。他说，在众多失实的报道之后，终于有人公正地还原了事情的真相。

出狱后，沃德问哈维·麦凯的父亲是否有子女。哈维·麦凯的父亲回答："有一个儿子。"沃德接着问："什么时候毕业？"哈维·麦凯的父亲答道："他刚刚毕业，正需要一份工作。"沃德便说："那太好了，如果他愿意，让他来找我。"

第二天，哈维·麦凯如约来到沃德的办公室。然而，这次见面并不像传统的招聘面试，更像是一场轻松的聊天。沃德兴致勃勃地谈起哈维·麦凯的父亲当年在监狱中采访他的那段经历，气氛十分愉快。聊了一阵之后，沃德对哈维·麦凯说："我想派你到我们的'金矿'工作，就在对街的'品园信封公司'。"

就这样，刚刚在街头闲逛了一个月、四处碰壁的哈维·麦凯，突然站在一间铺着地毯、装饰优雅的办公室里，不仅瞬间找到了一份工作，而且还被派到了公司内部被称为"金矿"的部门工作。"金矿"象征着高薪和优厚福利的岗位。这不仅仅是一份工作，更是一份事业的开端。42年后，哈维·麦凯依然从事这一行，并最终成为全美著名信封公司——麦凯信封公司的老板。在品园信封公司工作的那些年里，他熟悉了信封行业的运作流程，掌握了经营模式，学会了推销技巧，并积累了丰富的人脉资源。这些人脉资源成为他事业成功的关键。回顾往事，哈维·麦凯感慨地说道："感谢沃德，是他给了我第一份工作，是他开启了我的事业。"当然，这也印证了哈维·麦凯善于利用人脉资源推销自己的能力，以及由此带来的成功。

人际网络越广，机会越多；朋友越多，赚钱的可能性自然也就更大。几千年来，这一观点已经被无数经验和教训所验证。良好的人际关系不仅是成就大事的重要因素，也是我们挖掘人生“金矿”的必经之路。

美国成功学大师戴尔·卡耐基经过长期研究得出结论：“专业知识在一个人成功中所占的比重仅为15%，而其余85%则取决于人际关系。”因此，无论你从事哪个行业，只要你拥有良好的人际关系，并结合自身的能力，取得优异的成绩并非难事。难怪美国石油大王约翰·洛克菲勒曾说：“我愿意付出比获得世间其他本领更大的代价，来掌握与人相处的本领。”

人际关系是一种无形资产，是一种潜在的财富。表面上看，它并不直接等同于财富，但没有它，积累财富会变得异常困难。正如世界激励大师安东尼·罗宾所言：“人生中最大的财富便是人际关系，因为它能为你打开通往各种能力的大门，让你不断成长、不断获取财富，并持续回馈社会。”

周华是一家投资顾问公司的总经理，目前个人财富已达数亿元。他的财富积累正是依托广泛的人脉网络。例如，他拥有许多媒体界的朋友，同时他的客户群体中包括联合利华、三菱电机、通用等众多世界500强企业。

从周华的个人发展历程来看，他的每一次成功，都离不开人脉的支持。

周华是一个颇具传奇色彩的人物。早年，他怀揣梦想来到北京，从一家公司的普通职员做起，后来担任某报社培训部门负责人，再到最终创立自己的公司。他的每一次飞跃都令人惊叹，而这些看似不可思议的成功背后，却真实存在且与人脉密不可分。

某投资银行副总裁刘某可能是对周华帮助最直接的人。当周华打算创业时，正是刘某为他筹集了创业所需的大笔资金，这为周华的公司奠定了一个很高的起点。同时，刘某还为他提供了大量有价值的建议，令周华受益匪浅。周华与刘某的相识，仅仅因为周华在北京租住的房子恰好是刘某的，而刘某的妻子又正巧是周华的老乡。经过几次接触，他们逐渐熟络起来。两人都十分健谈，话题从人生聊到事业，常常一聊就是几个小时。周华偶尔会谈及自己对未来事业的期许和规划，而这些想法让刘某认定他是一个很有潜力的年轻人。这也是后来刘某愿意支持他的原因之一。

或许有人会认为，周华的成功主要源于幸运。然而，即使没有如此幸运的经历，只要懂得经营和盘活自己的人际关系，也有可能取得非凡的成就。因为这些人脉总有一天会成为助推你财富和事业发展的关键力量。

一个人的人脉有多广，他的事业和未来就有多大。如果你想在社会中立足，想在事业上脱颖而出，就必须学会积极积累自己的人脉资源，并将这些资源转化为自己成功的法宝。

在追求事业成功的过程中，人际关系起着至关重要的作用。如果说血脉是人类生理生命的支持系统，那么人脉则是社会生命的支持系统。在当今的商业社会中，人脉意味着机会、人脉代表前途、人脉蕴藏财富。随着全球网络的迅猛发展，整个世界正日益成为一个脉络交织的地球村，人与人之间的联系也越发紧密。我们的学习、工作、生活、娱乐都与他人紧密相连，你与他人之间的联系越丰富，你的事业就可能越发繁荣。因此，能够成就大业的人，除了具备一定的专业知识，最关键的还是要构建有利于自身发展的良好人际网络。

在关键时刻伸出援手

人生在世，坎坷相随，总会遇到各种艰难困苦。当他人身处困境时，如果你能够在危难之际伸出援手，为他人架桥铺路、雪中送炭，在关键时刻助他们一臂之力，对方一定会铭记于心。正所谓“投我以木瓜，报之以琼琚”。

罗伯特刚在美国开设律师事务所时，甚至连购买一台复印机的钱都没有。正值移民潮，大量移民一波接一波地涌入美国，他承接了许多与移民相关的案件，甚至常常在深夜被叫到移民局的拘留所协助办理事务。他开着一辆破旧的车，在各个小镇之间奔波。然而，经过多年的努力，他的事业逐渐取得了显著的发展，业务范围不断扩大，并且在各个场合都受到了广泛的尊重和礼遇。

天有不测风云，一念之差，罗伯特将大部分资产投资于股票，几乎亏损殆尽。更不巧的是，岁末年初，移民法再次修改，职业移民名额被削减，律师事务所顿时门庭冷落，几乎面临关门的困境。

正在此时，罗伯特收到了一封信。这是一家公司的总裁写给他的，信中表示愿意将公司30%的股权转让给他，并聘请他担任公司及其他两家分公司的终身法定代表人。读完信后，罗伯特又惊又喜，不敢相信这是真的。他带着疑惑前去拜访。

这位总裁是一位年过四十的波兰裔中年人。见到罗伯特后，他微笑着问道：“还记得我吗？”

罗伯特摇了摇头。总裁微微一笑，从办公桌的大抽屉里取出一张皱巴巴的5美元汇票，上面夹着一张印有罗伯特律师事务所电话和地址的名片。罗伯特仔细看了看，却怎么也想不起这件事。

总裁看着他，缓缓说道：“十年前，在移民局排队办理工卡时，队伍很长，人群拥挤不堪，还伴随着争吵。当轮到我时，移民局已经快要下班了。当时我才得知申请工卡的费用涨了5美元，而移民局不接受个人支票支付。我身上没带现金，如果拿不到工卡，雇主就不会雇用我了。就在这个紧急关头，你从身后递过来5美元。我坚持要你留下地址，以便日后还钱，你就给了我这张名片。”

罗伯特渐渐想起了这件事，但仍半信半疑地问道：“后来呢？”

总裁继续说道：“后来，我在这家公司找到了一份工作，很快发明了两项专利。我原本打算上班的第一天就把这张汇票寄还给你，但最终没有这么做。作为一个独自来到美国闯荡的移民，我经历了许多冷遇和艰难，那5美元却改变了我对人生的态度。所以，这张汇票对我而言，不仅仅是一张纸，它承载了更多的意义。”

罗伯特怎么也没有想到，多年前的一次小小善举竟会带来如此丰厚的回报。仅仅5美元，不仅改变了另一个人的命运，也为他自己开启了一段崭新的篇章。

在别人最困难、最需要帮助的时候，若你伸出援助之手，便能让对方铭记一生，常怀感激之情。这实际上也是一种人脉关系的积累。俗话说："受人滴水之恩，当以涌泉相报。"当你在关键时刻帮助了他人，对方便欠下你一份人情。日后若你遇到困难，他自然会尽力回报。

在生活中，多数人喜欢锦上添花。毕竟，在顺境中多一句赞美，或说几句奉承的话，是一种常见的人情交际方式。然而，聪明人更懂得雪中送炭的价值。虽然锦上添花与雪中送炭都能赢得人情，但两者的意义与效果却截然不同。如果一个人在困境中得到你的帮助，他往往会感激终生，铭记于心。

老郑经营着一家食品超市，一直希望扩大超市的规模。一天晚上，他正在收拾店里的东西，准备关门时，忽然发现店门外站着一个年轻小伙子。仔细一看，原来是附近打工的小王。小王常来店里买些食品或啤酒，老郑对他有些印象。老郑走上前去，关切地问道："今天怎么这么晚了？"小王显得很不好意思，低着头，小声说道："老板拖欠了我几个月的工资，我不想再干下去了，打算回老家发展。可是现在身上没钱，今天也没吃饭……"老郑听后，立刻明白了他的处境。虽然两人只是萍水相逢，但老郑觉得自己应该伸出援手。于是，他把小王请进店里，让他饱餐了一顿，还贴心地给了他一笔路费，帮助他顺利返回了老家。

后来，老郑逐渐将这件事淡忘了。几年后，老郑的超市生意越来越兴旺，并在本市开设了许多分店。他决定向周边地区扩展，但由于缺乏资金，扩张遇到了很大的困难。为此，老郑一直愁眉不展。就在这时，他突然收到一封从外省寄来的信，竟是几年前他曾经帮助过的小王写来的。

当年的打工仔，如今已成为王总。他在信中邀请老郑与他共同创业。这对老郑来说，真是一个意外的惊喜。有了小王的帮助，老郑很快在外省开设了连锁店，而且发展势头异常迅猛。

对身处逆境中的人，仅仅抱有同情之心是不够的，还应给予他们适当的帮助，助其战胜困难。这样的雪中送炭、排忧解难之举，往往能深深触动对方的内心，从而建立起深厚的友谊。

雪中送炭不仅是对他人的帮助，更是一种自我成就。做一个愿意雪中送炭的人，不仅展现了最基本的善良，也让被帮助者在危难之际铭记你的恩情。一旦对方日后有所成就，其回报往往比锦上添花更为深远。因为锦上添花的人太多，而被帮助者未必能记得他们是谁。

人活于世，必然会有助人的时候。一定要记住：救人应救急，要做到雪中送炭，而非锦上添花。

“人情”是一种无尽的财富

众所周知，在银行里开设账户，可以储蓄不时之需的钱款，你存储得越多，你的财富就越丰厚。同样，感情也需要建立一个账户，这个账户就如同开设在朋友或客户的心中。为了维系彼此的关系，你需要存入真诚的关怀和超值的服务。你的“感情账户”存得越多，你与朋友之间的感情就会越深厚。

任何人都会有需要他人帮助的时候。在人际交往中，如果没有养成积累人情的习惯，过于以自我为中心，很少顾及他人的需求，那么在关键时刻，当你需要他人帮助时，就会显得被动，事情也不容易解决。相反，如果你用心建立了“人情账户”，在朋友有困难时主动伸出援手，朋友欠下你的人情，有时甚至不需要你开口，他人便会主动帮助你，使你的难题迎刃而解。

2013年，王铮和妻子来到北京创业，经营笔庄生意。创业初期，他们面临重重困难，有时甚至靠吃方便面度日。然而，即便如此，他们的创业热情丝毫未减，经常奔走于北京的各大画廊和美术院校，抓住一切机会推销他们的毛笔。就在他们四处碰壁、难觅出路时，一个改变他们命运的人出现了。

一天，王铮在一家画廊参观时，注意到一位气度不凡的老先生。他便礼貌地拿出一支上好的毛笔赠送给对方。老先生对此颇感意外，随即与王铮攀谈起来。这次偶然的相识让老先生对王铮夫妇的毛笔产生了浓厚兴趣，从此他们以笔为媒，结下了深厚的友谊。

为了让更多人了解王铮夫妇的毛笔，老先生决定帮助他们举办一场笔会，并为其提供场地。这时，王铮夫妇才得知，这位老先生竟是一所知名大学的美术教授，在画界享有很高的声誉。通过这次笔会，王铮结识了许多画界人士，生意逐渐红火起来。他们不仅还清了多年的债务，生活压力也大大减轻。随着时间的推移，在老先生的帮助和顾客间的口口相传下，王铮夫妇的笔庄生意逐渐在北京站稳了脚跟，声名日隆，事业越做越大。

王铮凭借一支毛笔赢得了老先生的好感，顺利建立了人脉。在老先生的帮助下，他一步步迈向成功。这正是感情投资带来的丰厚回报。

情感是一种无形的资产，巧妙运用这种资产，往往能够收获意想不到的成果。当你在情感的账户上持续储蓄，建立起稳固的情感关系，就能赢得他人的信任。这样，当你遇到困难、需要他人帮助或请求支持时，便可以依靠这种信任换来全力相助。而这种人情，主要来源于你以往的积累与投入，源自你此前对情感关系所做的“投资”。

人情就像一个存折，存储在我们人生的银行账户中。人情往来的积累越多，一个人的一生财富就会越丰富。因此，人情账户中的积累本身就是一笔宝贵的财富。这笔财富不仅是心与心的交换，是爱与爱的付出，更是金钱无法买到也无法取代的珍贵资源。世上没有“一次性”的人情。人人都爱面子，当你给足朋友面子，将来朋友也一定会回报你“面子”。这正是中国传统文化中“礼尚往来”的体现，也是经营人情账户的核心所在。

在人际交往中，帮助是相互的，但切忌将其赤裸裸地当作交易来看待，不要动辄一口一个“有什么事吗”，或者“你帮了我，下次我一定帮你”。如果忽略了感情的交流，只顾着计算得失，会让人感到索然无味，彼此的关系也难以长久维系。交往中应保持自然坦诚，不要刻意设防，否则迟早会被无情抛弃！

清代著名的红顶商人胡雪岩是一位深谙人情与变通之道的智者。他深刻理解中国人在面对人情时的心理，因此常常巧妙地运用人情的力量来达成自己的目标。

在胡雪岩将自己的生意扩展到河南境内时，他曾经遇到过一个极大的阻碍。当地的钱庄业务被一个地头蛇垄断，任何外来的商人都很难插足。为了在当地立足，胡雪岩仔细打听了这个地头蛇的底细，发现此人出身江湖，是个极为难缠的角色。许多试图讨好他的人都被赶出门去，碰了一鼻子灰。然而，这个地头蛇有一位朋友，是当地的一名私塾先生，对他有救命之恩。除了这位私塾先生，地头蛇对任何人都不假辞色。

了解到这一点后，胡雪岩并没有急着拜访地头蛇，而是首先登门拜访了他的朋友。他先对私塾先生的学识和风度大加赞赏，随后奉上一尊珍贵的象牙雕刻的菩萨像，并谦逊地说道："这尊佛像是一位朋友不远万里从异国带来送给我的，但我粗鄙无知，实在不懂得如何妥善保管这等精美的珍品。与其让它在我手中受委屈，不如将它送给真正识货的高人。早就听闻先生是位雅士，必定能善待这尊宝物。"

胡雪岩的一番投其所好之辞，加上恰到好处的谦恭态度，让私塾先生心生好感，半推半就地收下了这份礼物。礼尚往来，私塾先生自然不好袖手旁观。胡雪岩趁机表示自己希望能在本地开办钱庄，但苦于无法接触当地商会，如果先生愿意帮忙牵线搭桥，那将再好不过。

这位私塾先生因欠下胡雪岩的人情，自然不好推辞，便找到这个地头蛇，请他给胡雪岩一个机会在当地开办钱庄。而地头蛇又因欠下私塾先生的人情，不好拒绝这个请求，最终只得同意，让胡雪岩在当地立足。

正是因为胡雪岩灵活运用人情与利益，无论是在商场还是官场，他都能应对自如，最终建立了自己的商业帝国。

中国有许多关于以心换心、以情动情的谚语，如“投之以桃，报之以李”“你敬我一尺，我敬你一丈”等，这些都说明了付出终会有回报。很多时候，当你为自己的人情账户积累储蓄时，被帮助的人也会铭记你给予的恩情。因此，他们大多会在适当的时候予以回报。当你身陷困境、需要帮助时，只需轻轻开启你的人情账户的密码——或许只需开口，甚至无须开口——那些你曾经帮助过的人便会在关键时刻站出来，助你渡过难关、走出困境。

人们常说：“世上的钱债易还，人情债难还。”的确，金钱债务无论多少，总有一个明确的数额，而感情的债务却无法用冰冷的数字来衡量。讲究情义是人性的一大优点，无论是交朋友还是做生意，都应学会从情感投资入手。虽然短期内可能看不到明显的回报，但从长远来看，这种投资的收益往往超过股票等金融投资。如果你能领悟其中的奥妙，并适时进行情感投资，往往会取得良好的效果。

礼尚往来是维系人际关系的重要原则

中国人一向崇尚友情，互赠礼物更是表达友情的一种方式。这种礼尚往来的传统，已延续了五千年之久，并成为中华文化的重要组成部分。

“礼多人不怪”是流传千年的中国格言，至今仍具有很强的现实意义。《礼记·曲礼上》中写道："礼尚往来。往而不来，非礼也；来而不往，亦非礼也。"这句话生动地体现了中国人对礼的理解与重视。在日常生活中，"礼"字虽小，却常常发挥着润物细无声的作用，为人际关系增添了温暖与和谐。

英国著名社会学家蒂特马斯曾说："在一些社会，无论是过去还是现在，礼物馈赠都旨在换取和平，表达情感，联合群体，联系情感，实现契约上的义务和权利，表达忏悔、羞愧、丢脸以及象征人类的其他感情。"我们通常通过赠送礼物来表明自己的真诚，展现对友谊的重视。

礼物是社交的纽带。西班牙礼仪专家伊丽莎白曾指出："礼品是人际交往的通行证。"无论是首次拜访还是后续登门，带上一份精心准备的礼物，能体现你对对方的重视和你积极的态度。这种做法能够在一开始就给对方留下良好的印象，为进一步的交流奠定基础。此外，带着礼物上门还可以有效缓解见面时的尴尬，即使对方原本不太愿意接待你，也会因你的热情而不至于冷淡相待。

一位留学生曾提到自己初到慕尼黑时的经历：当时，他以为在办理了入学手续、缴纳了学费后，学校会主动为学生安排好一切。然而出乎意料的是，从一开始他就被告知，宿舍的安排可能需要等待半年。无奈之下，他只能在校外寻找住处，这显然增加了额外的经济负担。

他没过多久便得知，一个比他晚到的北京同学竟然已经申请到了宿舍，并拿到了房卡。这件事让他大吃一惊。要知道，当时他还在校外四处奔波，为住房问题苦恼不已。而这个比他晚到的人，却已经住上了德国政府资助的学生宿舍。

这未免也太不公平了！

他连忙向那位同学请教如何申请宿舍。同学告诉他："你可以给房管送点儿中国的小礼物，比如中国结、瓷杯之类的，让他多记挂着你的事情，免得被遗忘。"他听后有些迟疑："外国人也会收礼吗？这样合适吗？"同学笑着说："有人的地方就有礼节，这是很正常的事。试试看吧。"

于是，他送给房管一小罐家乡泉州产的铁观音。没想到效果立竿见影，早上送去的礼物，下午房管就打电话通知了他。这件事让他哭笑不得。想想自己为住房问题东奔西跑，焦虑不已，结果竟然靠一小罐茶叶轻松解决了，之前的辛苦显得格外多余。

有"礼"好办事，这是一个相当普遍的现象。其实，很多时候对方在意的并非礼物本身，而是那种被尊重和重视的感觉。

古人云："衣人之衣者，怀人之忧。"意思是，穿了别人的衣服，就会心怀别人的心事或隐忧。换句话说，接受了别人送来的礼物，就需要为别人办事。因此，要想请人帮忙，也需要学会赠送礼物。

在当今社会交往中，人与人之间的交流日益频繁，送礼成为人际交往的重要手段之一。一份恰到好处的礼物可以成为人与人之间联系的桥梁，为拓展人际关系开辟更多途径。据说，法国有一本名为《小政治家必备》的书，教导那些希望在仕途上有所作为的人：至少要将你认为未来最有可能成为总理的20个人的资料整理清楚，然后定期带着礼物拜访他们，以维持良好的关系。这种做法被认为极具成效。据书中引用的案例显示，这一策略在世界许多国家的部长级人物中都有所体现。因为任何一位被委任组阁的总理，在受命之初最为焦虑的问题之一，便是如何迅速物色七八位合适的部长。因此，除具备杰出的才能外，与总理有一定交情并能相互信任，往往成为被选中的关键因素。

人的感情具有一定的物化特性，仅靠语言表达对他人的关心和友谊并不够实际。换句话说，仅凭言语是难以建立深厚的友好关系的，还需要通过一定的物质交流来增进感情。这往往需要通过赠送一些小礼物来促进与他人的沟通。

意大利米兰著名时装设计师詹尼·范思哲（Gianni Versace）出生于意大利南部。他非常钟爱海滨旁希腊寺庙中的古典雕像。在他尚未成名时，有一天，他在罗马的一家古玩店橱窗中发现了一尊精美的小雕像。这尊雕像独具特色，蕴含着古希腊文化的辉煌与精神。那时，詹尼·范思哲并不富有，但他仍鼓起勇气询问价格。然而，古玩店老板遗憾地告诉他，这件雕像已经被他人买下。

詹尼·范思哲感到十分失落。看到他沮丧的神情，古玩店老板提议他留下名片，以备有其他机会。接下来的几个星期，每次詹尼·范思哲到罗马时，都会特意绕道去那家古玩店，深情地凝视橱窗里的小雕像。直到有一天，他发现那尊雕像已经不见了，顿时感到内心失落，仿佛失去了某种珍贵的东西。

意想不到的事情发生了。第二天，詹尼·范思哲收到一个包裹，里面装着那尊小雕像，还附有一张便条：请收下这份礼物，赠予同样热爱艺术品的您。至今，詹尼·范思哲依然珍藏着这尊小雕像。作为欲望力量的象征，它在意义上远远超过了詹尼·范思哲收藏的任何其他古玩。

这位慷慨的古玩商人正是罗马著名的古董商弗兰西斯科·契林奇奥涅先生。他投其所好，将这尊小雕像赠予詹尼·范思哲，从而建立了两人深厚的友谊。

赠送礼物是一种表达情感、加深人与人之间沟通与交流的方式，是情感与意义上的互通与交融。至于礼物是否贵重或形式其实并不重要，关键在于能够表达自己的心意，并做到投其所好。如果所赠礼物未能投其所好，那么这份礼物在对方眼中可能毫无价值，甚至显得多余。

礼物是情感的载体，而赠送礼物则是一种感情的投资。它能拉近人与人之间的距离，促进沟通与交流，进而达成共识。“礼多情亦多”是人们总结出的经验之谈。

联络感情，有事没事常联系

与人保持经常性的联系是人际交往的必要环节，也是维系人际关系的重要桥梁。在生活中，我们免不了与人交往，结交朋友。只有常与好友往来，当我们遇到困难时，他们才能在第一时间伸出援手。或许你也有过这样的经历：当你面临某种困难时，觉得某人能够帮助你解决问题，本想立刻去找他，但回想起来，过去许多时候你本该去看望他，却因为各种原因没有去。如今有事相求，你会担心显得太过唐突，甚至因此被拒绝。在这样的情境下，你可能会感到后悔。

小周最近工作压力很大，事事不顺心。于是，他拿出手机，拨通了一个许久未联系的朋友的电话，想约他一起吃饭。这突如其来的电话让小周的朋友既感到惊讶，又不满，他说："这么长时间不打电话，一打电话就让我随叫随到，这是不是有点说不过去？"

小周听后有些尴尬，连忙说道："那你忙吧，以后有机会咱们再聊。"说完，他失落地挂断了电话。本想与朋友一起吃饭、聊聊天，缓解一下自己的情绪，没想到却遭到了朋友的拒绝。小周心里很不是滋味，同时也意识到问题出在自己身上。他明白，自己过去冷落了朋友，在朋友遇到烦心事时，也没有主动关心或慰问过。

俗话说得好："平时多烧香，急时有人帮。"朋友之间的感情贵在平时的联系。如果平日里疏于维护，时间会冲淡一切，许多原本牢固的关系也会变得松散。即使再好的朋友，也无法免俗。所以，不要等到需要帮助时才想到别人。平时多主动联系朋友，会让对方感受到你的关怀，觉得你始终将他们放在心上。这样用心经营的人，往往更受朋友欢迎；而当你遇到困难时，朋友们也一定会尽力帮助你渡过难关。

三国时期，蜀国的创建者刘备有一段依靠同窗之谊脱离险境的经历。

刘备在读私塾时，由于为人讲义气且聪明机智，因此成为同学中的领头人物。在那段时间里，他经常帮助其他同学，与他们建立了深厚的友谊。后来，随着年岁渐长，大家各自选择了不同的人生道路，刘备与这些要好的同学也因此分道扬镳。

尽管如此，刘备始终重视与昔日同学保持联系。其中，有一位名叫石全的同学，是刘备读书时最为投缘的朋友。石全在离开学堂后，回到家中一心侍奉年迈的母亲，以尽孝道，并靠打柴和卖字画维持生计。刘备并不因石全家境清贫而疏远他，反而经常邀请石全到家中做客，与他共同探讨当时的天下大势。这些聚会每次都非常愉快，刘备与石全的关系也因此愈发深厚，亲如手足。

后来，刘备为了实现心中宏伟的目标，带领一支队伍参加了东汉末年的大混战。起初，刘备的军事实力微弱，不得不依附于他人。在一次交战中，刘备所率领的军队被全部歼灭，只有他一人侥幸逃脱。因为他被石全藏了起来，这才幸免于难。

由此可见，朋友在危急关头往往能够提供重要的帮助，起到排忧解难的作用。然而，朋友关系的维系离不开自身的努力。如果在与朋友分开之后缺乏经常性的联系，关系的良好发展便无从谈起。生活中，很多人因为各种原因忽略了与朋友的联系，总以为既然是朋友，就一定会彼此理解。然而，等到真正需要帮助的时候，才会发现由于长期疏于联系，朋友之间的关系早已变得疏远。

实际上，人际交往是一个互动的过程。长时间不联系，感情交流就会停滞甚至倒退。朋友关系就像一把刀，只有经常磨砺才不会生锈。如果长时间不联系，你可能已经悄然失去了这位朋友。再深厚的感情也需要用心经营和维护。只有在平时多与朋友联系，才能巩固并增进彼此之间的感情。

关超之所以人缘极好，并不是因为他有多大的能力，而是因为他非常懂得关心别人。他时常会主动给朋友打电话问候，因此他的朋友圈越来越广，交情也越来越深厚。在他需要帮助的时候，总能得到朋友们的支持和提携。

有一次，关超和同事一起出去吃饭。大家都忙着天南海北地聊天，他却一个人跑到吸烟区打电话。吸烟区离洗手间很近，同事小李上厕所时无意间听到了他的通话。

起初，刚听到关超的语气，似乎是在安慰一位失恋的朋友。他很长时间都没有说话，应该是在倾听对方的倾诉。后来，小李隐约听到关超低沉的声音："……老卢，把该忘记的忘记了，一切都会好起来的。你要是心里不痛快，要不我过去陪你喝两杯……"

接着，小李竟然听到关超念起了抒情的话："请不要怪罪我，在闲暇的时候，我会打扰你一下。无聊和烦闷的时候，就想和你说说话……"这话听起来这么肉麻，小李还以为是哪位小伙子在给女朋友念情诗呢。他透过门缝瞅了一眼，居然是关超。

更让小李目瞪口呆的是，不一会儿，又传来了关超爽朗的笑声。小李暗骂道："这家伙肯定学过川剧的变脸，表情变得也太快了。"只听关超笑着说道："恭喜恭喜啊！你看你，现在当爸爸了，哪像我，还光棍一条。不过也好，托你的福，我也当一回叔叔啦……"

半个小时过去，关超打了6个电话，回到酒席后，其他同事问他："怎么抽个烟抽了这么久？"关超依旧笑呵呵地回答："朋友有事，打个电话问候一下。"

通过这次聚会，小李明白了，关超有这么好的人缘，并不是没有原因的。

建立"关系"的最基本准则是不要与人失去联系。如果你们生活在同一个城市，那么经常见面是最好的方式。不妨在下班后或节假日约上三五好友小聚，喝点酒、吃顿饭、聊聊天、叙叙旧。这不仅能为心灵提供一个停泊的港湾和难得的愉悦，还能加深彼此的感情。如果你们身处不同的城市，或者彼此都很忙，那么打电话、发短信是最方便的联系方式。

总之，千万不要让你和朋友之间的联系中断，也不要让你的通讯录积满灰尘。要时刻记住，朋友是可以陪伴你一生的重要支持。只要你怀有这份心意、这份情谊，能够真诚地维护分开后的友谊，你的人际关系会更加广阔，生活的道路也会因此多出几种可能。

撒下爱的种子，收获爱的回报

有句话说得好："幸福并不取决于财富、权力和外貌，而取决于你与周围人的相处方式。"你想结交更多朋友吗？那么就从善待自己、关爱他人开始吧！

维也纳著名心理学家阿尔弗雷德·阿德勒曾在书中写道："一个不关心别人，对别人不感兴趣的人，他的生活必然遭受重大的阻碍和困难，同时会给别人带来极大的损害与困扰。所有人类的失败，都是由于这些人才发生的。”的确，一个只顾自己、对他人缺少关怀的人，注定缺乏吸引朋友的魅力，这样的人也将失去生活中许多的乐趣。如果你想成为一个受人欢迎、备受喜爱的人，就要改变冷漠的态度，多一些对他人的关心与关爱。

在尼泊尔白雪覆盖的山路上，刺骨的寒气伴随着暴风雪，让人难以睁开双眼。一名男子在山路上独自行走了许久，始终未见人迹。终于，他遇到了一位旅行者，两人自然而然地结伴同行。有了同伴，男子感到安心了许多。然而，为了节省体力和热量，他们默默无语地继续前行。

途中，他们看到一位老人倒在雪地里，显然已经无法动弹。如果无人救助，老人必然会被积雪掩埋，最终冻死。“我们带他一起走吧，先生，请帮帮忙。”男子提议道。然而，同伴却愤怒地回应：“在这样的恶劣天气里，照顾自己尚且不易，怎么还能顾得上别人！”说完，他便独自离去。

男子无奈，只得背起老人，继续艰难地向前跋涉。不知过了多久，他的全身已被汗水浸湿，散发出的热量渐渐温暖了老人冻僵的身体。老人逐渐恢复了知觉，两人相互依靠，用彼此的体温取暖，竟然忘却了寒冷的侵袭。

“得救了，老爷爷！我们终于到了！”当远远望见村庄时，男子激动地对背上的老人说道。然而，当他们走到村口时，却发现那里聚集了一大群人，议论纷纷。究竟发生了什么事？男子挤进人群探头一看，顿时大吃一惊——一名男子僵硬地倒卧在雪地里，已经失去了生命。仔细辨认之后，他震惊地发现，冻死在距离村庄咫尺之地的，竟然正是当初为了自保而独自离去的那位同伴。

当你播撒下关爱的种子，收获的也往往是关爱的回报。关爱他人，其实也是在关爱我们自己。

人际交往是互惠互利的，而这种互惠互利首先源于你自身的作为。正如老人常言，种下善，收获的便是善；种下恶，收获的便是恶。因此，不要总是要求别人如何对待你，而应首先审视自己的行为。法国哲学家居友曾说："我们每个人都有很多很多的爱，比维持我们生存所需要的多得多。我们应该把它分散给别人，这就是生命开花的意义。"一个对他人友善的人，肯定会给人留下好印象，赢得好人缘，并得到他人的爱戴与帮助。关爱他人是一种美好的品德。每个人都需要关爱，你我也不例外。学会关爱他人，不仅会让我们的生活更加美好、充满快乐，也会让人与人之间的关系更加紧密，使友谊更加深厚。许多时候，关爱就像一种回声——你给予什么，它就回馈什么；你播种什么，就收获什么；你关爱谁，谁就关爱你。

关爱他人是人们在追求成功过程中应当遵循的一条基本准则。在当今这样一个需要合作的社会中，人与人之间更是一种互动关系。只有当我们主动关爱他人，善意地帮助他人时，才能妥善处理人际关系，从而赢得他人的愉快合作。成功学家戴尔·卡耐基曾说："一个能够从细微处体谅和善待他人的人，一定是一个与人为善的人，他必然会拥有良好的人际关系，而这种人际关系正是他成功的基石。"因此，在任何时候，关爱他人都是明智的选择。

第六章

尽快脱去孩子气，培养成熟心态

不以自我为中心，懂得感恩和付出

感恩是一种在当今社会中普遍缺失的生活态度和品德修养。在这个物质生活日益丰富的时代，我们常常对周围的一切习以为常，往往把金钱和利益看得过于重要，而忽视了人与人之间的情感。我们往往觉得父母的照顾、朋友的关心和帮助都是理所当然的。忙碌的生活让我们渐渐忘记了感恩，也无暇表达感恩，这不能不说是一种令人遗憾的现象。

曾听过这样一个故事：

一位富商得知有五个贫困孩子因生活窘迫而无力继续学业，便慷慨解囊资助了他们。然而，一年后，这五个孩子突然停止收到每月的资助款。原来，富商的公司遭遇了财务危机，濒临破产，已无力继续提供资助。这一变故令富商深感沮丧，他不仅为自己的事业失败而痛苦，更为无法再帮助这些孩子而感到悲伤。同时，他心中也生出一丝失望，因为这五个孩子中竟无一人对他的境况表示关心。

五个曾经被资助的孩子突然失去了富商的支持，他们的生活又回到了从前的样子。他们不明白为什么这位好心的叔叔不再继续资助他们了。后来，他们听说那位富商又开始资助了其中的一个孩子。

这五个孩子中的另一个急了，他也渴望幸运的光环再次降临到自己头上。于是，他顾不得内心的忐忑，拨通了那位富商的电话。当电话里传来富商和蔼可亲的声音时，他迫不及待地问道：“您能不能继续资助我？我真的很需要您的帮助！”富商在电话那头沉默了片刻，然后说道：“孩子，你有没有想过，为什么我选择再次资助了另一个孩子，而没有继续资助你们？当我的心情处于低谷时，我曾以为自己再也不能东山再起了。然而，有一天，我接到了一个意外的电话，是那个我后来再次资助的孩子打来的。他在电话中说，他不知道我因为什么原因停止了资助，但他依然非常感谢我这些年来对他的帮助……正是这个电话让我重新振作起来，努力让事业起死回生。当我重新有能力时，我决定继续资助这个孩子。至于你们，我只能说很抱歉，因为我无法再帮助那些只知道索取却从未懂得感恩的人。”是啊，这个孩子从来只知道接受富商每个月的资助，从未想过要感谢富商的这份爱心。他心安理得地接受着，即便后来收不到钱了，也从未想过为什么富商停止了资助，更未曾关心过富商的处境……听到这里，他感到无比羞愧，满脸通红地放下了电话。

俗话说：“滴水之恩，当涌泉相报。”“投之以桃，报之以李。”然而，如今我们不得不承认这样一个事实：懂得感恩的人越来越少了。

现实生活中，很多人常常将别人的帮助、情谊、恩惠和关怀视为理所当然，从而忽略甚至无意中伤害了那些对自己怀有恩情的人。一个心中缺乏感恩的人，是永远不会满足的人，也是一个不懂得珍惜现有幸福的人。因此，我们必须学会感恩。

“感恩”之心，是我们每个人生活中不可或缺的阳光雨露，一刻也不能缺少。没有阳光，就没有温暖的日子；没有水，就没有生命的延续；没有雨露，就没有五谷丰登；没有父母，就没有我们自身的存在；没有亲朋师长，就没有我们今天的成长。这些浅显的道理我们都明白，但我们缺乏的，恰恰是对感恩的深刻认识，常常忘记以感恩的心态面对生活。他们容易怨天尤人，最终让自己陷入痛苦之中。

感恩是人性中真、善、美的具体体现，是一种最真挚的生活态度；感恩是每个人应具备的道德准则，是为人最基本的修养。如果我们在心中培植一种感恩的思想，就可以沉淀许多浮躁与不安，化解许多不满与不幸。心怀感恩，我们的生活就会更加美好。

在感恩节期间，有一位先生垂头丧气地来到教堂，坐在牧师面前。他对牧师诉苦："都说感恩节要表达感恩之心，可如今我一无所有。失业已经大半年了，找了十几次工作，却没有人愿意雇用我。我真的没有什么可感谢的了！"牧师问他："你真的一无所有吗？这样吧，我给你一张纸和一支笔，你把我问你的问题和你的答案记录下来，可以吗？"

牧师问他："你有太太吗？"

他回答："我有太太，她没有因为我的困境离开我，她依然爱着我。相比之下，我更觉得愧对她。"

牧师问他："你有孩子吗？"

他回答："我有孩子，有五个可爱的孩子。虽然我无法让他们吃最好的食物、接受最好的教育，但他们很争气。"

牧师问他："你的胃口好吗？"

他回答："呵，我的胃口很好。虽然因为经济拮据，我常常只能吃七分饱，但我的胃口依然不错。"

牧师问他："你的睡眠好吗？"

他回答："睡眠？呵呵，我的睡眠特别好。一碰到枕头，我就能很快入睡。"

牧师问他："你有朋友吗？"

他回答："我有朋友。在我失业期间，他们时常给予我帮助，而我却无法回报他们。”

牧师问他：“你的视力如何？”

他回答：“我的视力好极了，我能清晰地看见很远处的物体。”

于是，他在纸上写下了以下六条：1.我有一个好太太；2.我有五个好孩子；3.我有好胃口；4.我有好睡眠；5.我有好朋友；6.我有好视力。

牧师听他读了一遍这六条后，说：“祝贺你！你回去吧，记得要常怀感恩之心！”

他回到家中，回想起刚才的对话，又照了照那许久未用的镜子：“呀，我是多么凌乱，又是多么消沉！头发硬得像板刷，衣服也有些脏……”

后来，他怀着感恩之心，精神振奋了不少，并找到了一份很好的工作。

感恩，是一种歌唱生活的方式，它源于人对生活的真挚热爱。感恩之心足以化解内心的狭隘与蛮横，更能赋予人真正的幸福与快乐。

感恩是一种对恩惠心存感激的表达，它是一种文化素养、一种思想境界、一种生活态度，更是一种社会责任。感恩能够让我们的生活和社会更加和谐、更加幸福。它体现了人与人之间交往的准则，也是人与人之间凝聚力的内核。感恩可以化解人们内心积存的怨愤，使人向善，用爱化解仇恨，涤荡世间的一切尘埃。如果我们每个人都能心怀感恩，做到恩恩相报、善念存心，人间的真情至爱便可代代相传，从而产生爱的“叠加效应”“裂变效应”和“良性循环”。这样，人与人、人与自然、人与社会之间才会更加和谐，我们自身也会因此变得愉悦而幸福。

英国著名思想家培根曾说：“学会了感恩，你就学会了做人。”学会感恩，就是要懂得不忘恩负义；学会感恩，就是要谦逊本分；学会感恩，就是要多一份爱，少一份恨；学会感恩，就是要怀抱敬畏之心；学会感恩，就不要沉溺于财富和权力；学会感恩，就是要永远记得说一声“谢谢”。

心中有爱，世界才会充满色彩；心中有感恩，生活才会充满希望。懂得感恩，学会感恩，才能拥有真正的快乐，才能拥有幸福的人生。

勇于承认错误，对自己的行为负责

古人云：“人非圣贤，孰能无过？”在现实生活中，人难免会犯错误。然而，犯了错误后，敢于担当并为自己的行为负责，才是一个真正成熟的人应有的态度。然而，对某些人来说，承认错误却并非易事。他们往往用各种方式掩饰自己的错误，为自己找借口，或者在掩盖不住、实在无路可退时才被迫承认。这种行为不仅可悲且毫无意义，还可能让人对其失去信任和尊重。

每个人都有可能犯错，能否正视并改正错误，是衡量一个人是否成熟的重要标准。

约翰·沃尔特曾是美国著名报纸《华盛顿邮报》的一名普通员工，负责派送报纸。有一天，狂风怒号，漫天大雪，天气异常寒冷，而他却必须骑车穿越几个街区送报。当他送完大部分客户的报纸，来到最后一站时，却发现车里的报纸不见了。他意识到，报纸可能在路上丢失了。于是，他沿着来时的路仔细寻找了一遍，但一无所获。他又询问了沿途的店铺，却没有人看到遗失的报纸。

这件事如果让老板知道了，对他这个刚参加工作不久的小员工来说，可不是什么好兆头。一捆报纸虽然价值不高，订报的单位未必会注意到，即使发现了，也未必会追究……要不要回去坦白地告诉老板呢？还是等到被追问时再找借口解释？如果不说，或许再也不会有人问起；即使有人问起，也可以找些理由搪塞过去。然而，这样做无疑暴露了自己在道德和责任上的缺失。

约翰·沃尔特认真地思考了很久。最终，他决定向老板如实汇报，听候处理。

回到公司后，他主动找到老板，说道："我在路上丢了一捆报纸，您可以从我的薪水里扣掉，或者下次送报时我来补偿给他们。"

老板听了，先是皱了皱眉，但看到约翰冻得发紫的脸，随即露出了微笑，说道："从今天开始，你的薪水每周增涨一美元。"

约翰惊讶地看着老板，怀疑自己听错了。

"我们需要像你这样负责任的员工，但下次可不能再丢了！"老板微笑着补充道。

后来，这位老板调任到另一家公司担任经理时，推荐约翰接替了他的职位。

古人说："知错能改，善莫大焉。"面对错误，最佳的对策是诚恳地承认，勇敢地承担责任，并积极寻求补救办法。推卸责任或避而不谈，只会适得其反。如果你只是顾及面子，不敢承担责任，最终吃亏的只能是你自己。因此，当发现错误时，不应采取消极逃避的态度，而应思考如何最大限度地弥补过错。只要能以正确的态度对待错误，勇于承担责任，错误不仅不会成为发展的障碍，反而可能成为推动你向前的动力，促使你不断成长。

1920年的一天，一位小男孩正在与伙伴们玩足球。一不小心，他将足球踢向了邻居家的一扇窗户，导致玻璃被打碎了。

一位老人立刻从屋内跑出来，怒气冲冲地大声询问是谁干的。伙伴们见状纷纷逃跑，唯有小男孩走到老人面前，低着头承认了错误，并请求老人的原谅。然而，老人态度十分强硬，小男孩委屈得哭了起来。最终，老人同意让小男孩回家拿钱赔偿。

回到家后，闯了祸的小男孩怯生生地将事情的经过告诉了父亲。父亲没有因为他的年纪小而宽容，而是板着脸，沉思着一言不发。坐在一旁的母亲则试图为儿子说情，劝解父亲。过了许久，父亲才冷冷地说道："家里虽然有钱，但他闯的祸，必须由他自己承担责任。"停顿片刻后，父亲还是从口袋里掏出钱，严肃地对小男孩说："这15美元我暂时借给你，用来赔偿人家。不过，你必须想办法还给我。"小男孩接过钱后，飞快地跑去赔偿了老人。

从那以后，小男孩一边刻苦学习，一边利用空闲时间打工赚钱来偿还父亲。因为年纪小，不能干重活，他就在餐馆帮忙洗盘子、刷碗，有时还捡废品。经过几个月的努力，他终于攒够了15美元，并自豪地将钱交还给父亲。父亲欣慰地拍着他的肩膀说："一个能为自己的过失负责的人，将来一定会有出息。"

许多年后，这个男孩成为了美国的总统，他就是罗纳德·里根。回忆起这段往事时，里根深有感触地说："那次闯祸让我明白了做人的责任。"

一个人犯错误并不可怕，可怕的是不承认错误，或者不敢对自己的行为负责。陶行知曾说："知责任，明责任，负责任。"这句话的意思是，每个人都应该具备责任感，敢于为自己的行为负责。这不仅是做人的基本准则，也是最起码的道德底线。只有敢作敢当，勇于承担责任，才能赢得他人的信任与尊重。

生活中，无论何时何地，我们每个人都必须学会对自己的行为负责。唯有如此，我们才能磨炼自己，追求更高的知识，进而达到更高的境界。一个对自己行为后果缺乏责任感的人，是社会化的失败者，因为他很难形成对社会的归属感，也难以适应社会生活。正如法国哲学家萨特所说："一个人从他被投进这个世界的那一刻起，就要对自己的一切负责。"

积极的心态是成功的起点

人生的成败取决于多种因素，而心态在其中起着至关重要的作用。心态分为两种：一种是积极的心态，另一种是消极的心态。积极与消极仅在一念之间，但由此产生的后果却截然不同，是成功与失败的分界线。积极的心态会让你变得越来越优秀、越来越成功；而消极的心态则会让你日益颓废，最终走向失败。

一个人如果想让自己的生活变得更好，首先需要让自己的心态保持积极和活跃。积极的心态是迈向成功的起点。如果一个人以积极的心态面对生活，乐观地接受挑战并解决困难，那么成功就离他不远了。

日本著名企业家西村金助就是以积极的心态助力自己成为富翁的典范。他原本一贫如洗，经常吃不饱饭，过着有上顿没下顿的日子。然而，他却对别人宣称自己终有一天会成为大富豪。每当别人听到这番话时，总是嘲笑他“不自量力”或“痴人说梦”。但西村金助对自己未来的成功从未有过一丝怀疑。这种积极的心态促使他顽强拼搏，时时留意生活中可能带来财富的机会。

为了尽快致富，他借钱开办了一家小型玩具厂，专门生产沙漏。沙漏是一种古老的计时工具，在时钟尚未发明之前，人们用它来测量时间。随着时钟的普及，西村金助的工厂濒临倒闭。这时，那些曾经嘲笑他“癞蛤蟆想吃天鹅肉”的人又站出来冷嘲热讽。对此，西村金助毫不在意，他坚信自己一定能够找到解决困境的办法。

机会终于来了。一天，他翻阅了一本关于赛马的书。书中写道：“在现代社会，马匹虽然失去了运输功能，却以极高的娱乐价值重新出现。”西村金助顿时灵感迸发：对，我一定能够为沙漏找到新的用途！他重拾信心，全身心投入沙漏的研究中。经过反复思考和试验，他决定设计一种限时3分钟的沙漏——将这种沙漏挂在电话机旁，可以提醒人们控制通话时间不超过3分钟，从而节省电话费用。

新设计的沙漏一经上市，便大受欢迎，原本濒临破产的小工厂一夜之间成长为大企业，西村金助也摇身一变成为富豪。

积极的心态是人生的黄金法则。一个拥有积极心态的人，往往能够心怀光明的愿景，即使身处困境，也能以乐观和创造性的态度走出低谷，迎接光明的未来。

无论是对我们的生活还是事业，心态都至关重要。所有的成功者都有一个共同的特点，那就是拥有积极的心态。他们用积极的心态掌控自己的人生，以乐观的精神面对可能出现的困难与险阻，从而不断迈向成功。而许多一生潦倒的人往往精神空虚，以自卑的心理、失落的灵魂、悲观失望的心态和消极颓废的人生目标作为指引，其结果只能是从一个失败走向另一个失败，或者停留在过去的失败中，难以自拔。

积极的心态对一个人的成功有着决定性的影响。如果你能够保持积极的心态，掌控自己的思想，并引导它为你的生活目标服务，那么你就有机会取得成功。

琼是一个不到二十岁的女孩，在父亲的农场工作。她身体健康，工作勤奋。虽然农场的收益并未让她变得富有，但生活还算过得去。

然而，有一天，一场突如其来的变故让琼陷入了困境。她患上了全身麻痹症，卧床不起，几乎完全失去了生活自理能力。她的亲人们都认为，她将永远成为一个失去希望与幸福的病人，可能再也无法有所作为了。

但她能够思考，她确实在思考，并在计划。有一天，她制订了自己的计划。她把计划讲给家人听："我再也不能劳动了，"她说，"如果你们愿意的话，每个人都可以代替我的手、脚和身体。让我们把农场的每一块可耕地都种上玉米，然后养猪，用收获的玉米喂猪。当我们的猪还小、肉质鲜嫩时，我们就把它们宰杀，做成香肠。接着，我们将香肠包装好，注册一个商标进行销售。我们可以在全国各地的零售店中出售这种香肠。”她接着说道：“这种香肠一定会像热销的糕点一样畅销。”

结果，这种香肠果然像热销的糕点一样受欢迎！几年后，名为“琼仔猪香肠”的食品竟然成了每个家庭的必备食品，也成为最能引发人们食欲的一种佳品。

琼利用自己的智慧，借助他人的双手，依然成就了一番事业。琼是如何实现这种转变的呢？她运用了“积极心态”的方法。是的，她的身体虽然麻痹了，但她的内心却未曾被击垮。琼的积极心态使她充满希望，怀揣乐观精神和愉快情绪，并将创造性的想法变为现实。她决心成为一个有用的人，而不是家庭的负担。

一个人能否改变自己的命运，关键在于他的心态。成功者与失败者的差别在于，成功者以积极的心态对待人生，而失败者则以消极的心态面对生活。

积极的心态是成功的法宝。如果你想改变自己的世界、改变自己的命运，那么首先应该调整自己的心态。只要心态积极正确，你的世界会充满光明。生活中，人们难免会遭遇种种不幸、磨难和挫折，而这些经历往往会引发各种不同的心态，而不同的心态也常常决定着一个人的命运。唯有以积极的心态直面复杂、多变甚至残酷的现实，才能摆脱烦恼和困惑，开创辉煌的未来。

得理也“饶”人，让人三分又何妨

年轻人好胜心强，往往容易犯“得理不让人”的毛病。如果在生活中得理不饶人，把一件微不足道的小事复杂化，令他人下不了台，这不仅可能恶化人际关系，还会给人留下固执己见、小肚鸡肠的不良印象。因此，对于一些鸡毛蒜皮的小事或非原则性的问题，得理也不妨饶人。这不仅可以化解矛盾，还能增进人际关系的和谐。

一位女子在路上吐痰，由于风的作用，痰被吹到了一个小伙子的裤子上。女子见状，慌忙道歉，并从包里拿出纸巾准备擦拭小伙子裤子上的痰。然而，小伙子怒气冲冲，不仅拒绝她擦，还咄咄逼人地说道：“你给我舔干净！”女子连连道歉：“对不起，对不起！让我擦掉好吗？”但小伙子执意不肯，就是坚持要她舔掉。这场争执愈演愈烈，吸引了越来越多的围观者，有人甚至起哄取笑。尽管女子反复赔礼道歉，甚至主动提出赔偿裤子，都无法平息小伙子的怒气。他坚持不依不饶，非让她按他的要求做不可。最终，女子怒火中烧，一走了之。

生活中，我们常常会遇到类似的情景。有些人喜欢将小矛盾升级，得理不饶人，结果弄得不欢而散，甚至损害了自身的利益。而另一些人则能够从容应对，从另一个角度看待问题：既然事情已经发生，何必斤斤计较？不如选择宽容和体谅。一方面可以化解矛盾，另一方面也展现了自身的修养，赢得了他人的尊重。

因此，“得理让人”是一种智慧的处世之道，也是一种值得推崇的生活态度。

战国时期，梁国与楚国交界，两国在边境上各自设立了界亭。亭卒们在各自的地界里种植西瓜。梁亭的亭卒勤劳，每天锄草浇水，瓜秧长势喜人；而楚亭的亭卒则懒散，对种瓜之事漠不关心，导致瓜秧又瘦又弱，与梁亭的瓜田形成鲜明对比。

楚亭的亭卒要面子，见梁亭的西瓜长势远胜于自家，心生嫉妒。某个夜晚，他们趁着月黑风高，偷偷跑到梁亭的瓜田，把瓜秧全部扯断。第二天，梁亭的亭卒发现后，愤怒不已，随即将此事禀报县令，并请求县令同意他们“以牙还牙”，也去扯断楚亭的瓜秧。县令听后，对梁亭的亭卒说道：“楚亭的人如此行事，确实卑鄙无耻，我们当然愤怒。但若我们以同样的方式报复，就与他们无异，只会显得我们心胸狭窄。你们听我的，从今晚起，每晚都去给他们的瓜秧浇水，让他们的瓜秧长得茂盛。这样，他们便不会再来破坏我们的瓜秧。不过，你们一定要记住，不要让他们知道这件事。”

梁亭的亭卒听从了县令的建议，开始悄悄地为楚亭的瓜秧浇水。

再说楚亭那边，亭卒们发现自家瓜秧的长势日渐好转，心中颇为高兴。然而，他们察觉到，这些瓜秧之所以长得如此茂盛，是因为有人特意浇水所致。经过观察，他们发现夜间有人来浇水，而那些脚印正是梁亭的亭卒留下的。楚亭的亭卒于是将此事报告给楚国的县令。

楚国县令得知后，感到既惭愧又敬佩，便将此事上报楚王。楚王听闻梁亭的善行后，深受感动，认为梁国以德报怨，实为修睦边邻的典范。他随即备下厚礼，派人送至梁王，以此表达自责与谢意。从此，这对曾经的敌国化干戈为玉帛，成为和睦相处的邻邦。

俗话说："饶人不是痴汉。"即使在占理得势的时候，也应当有"得饶人处且饶人"的风度。"得理且饶人"就是给对方留一条生路，让他有台阶下，为他保留一些面子和立足之地。如果你不懂得给对方留些余地，对方表面上可能显得宽容，匆匆找个台阶下，但内心的煎熬却远非表面那么简单。这种屈辱，他迟早会伺机讨回来。你让人一步，别人心存感激，也会让你一步。一条小路，对你而言也可以成为坦途。如果事事不肯让人，一味得理不饶人，不仅于事无补，还会伤害感情。

在纷繁复杂的社会活动中，谁能保证自己不会与他人发生争论？又有谁能确保自己事事处处都占理？只要不存在根本的利害冲突，即便自己占理，也应适当退让，让人三分，见好就收才是关键。这不仅可以化解矛盾，还能加深彼此的理解，增进友谊，对建立融洽和谐的人际关系起到积极的作用。

我国汉朝时，有一位名叫刘宽的人，为人宽厚仁慈。他在南阳担任太守期间，如果百姓犯了错，他只让差役用蒲鞭轻轻责打，以示警戒，此举深得民心。

刘宽的夫人曾为了试探他是否如人们所说的那般仁厚，

特意安排婢女在他与属下集体办公时端出一碗肉汤，假装不小心将汤洒在他的身上，观察刘宽是否会发怒。结果，夫人的良苦用心落空了。换作常人，即便不责打一顿婢女，恐怕也会严厉呵斥一番。然而，刘宽不仅没有动怒，反而关切地问婢女："肉汤有没有烫到你的手？"由此可见，刘宽的胸怀与度量确实超乎寻常。

还有一次，有人认错了牛，硬说刘宽驾车的牛是他的。这事如果换作别人，不是将那人送到官府治罪，就是狠狠揍他一顿。然而，刘宽什么也没说，只是让车夫把牛解下来给那人，自己则步行回家。后来，那人找到自己的牛后，将牛归还给刘宽，并向他赔礼道歉。而刘宽不仅没有责怪那人，反而好言安慰了他一番。

这就是"有理让三分"的典范，刘宽的胸襟可谓宽广。他不仅感化了人心，也赢得了人心。

正所谓，做人留一线，日后好相见。遇事时应宽容、大度一些，尤其在占理的情况下，不要揪住别人的过失不放。为彼此留一份面子，以理相让，消除隔阂，最终往往能皆大欢喜。

俗话说："冤家宜解不宜结，退一步海阔天空。"得理饶人并不是懦弱，而是坦诚地为别人打开一扇宽容的窗口，让对方可以轻松地喘口气，同时也让自己多了一份回旋的余地。毕竟，退一步才能海阔天空。这样做，既能起到批评的效果，又能彰显我们为人处世的宽宏大度。因此，得理也让三分，是一种为人处世的大智慧。能够做到这一点的人，往往能减少麻烦。

谦卑让你拥有好人缘

谦虚是一种美德，更是一种人生智慧。你或许也有这样的体会：越是谦逊的人，越让人喜欢发现他的优点；而那些自视甚高、孤傲自大的人，往往让人忍不住想挑剔他们的缺点。因此，在日常生活中，要以谦逊的态度对待他人，这样才能赢得支持与友谊，为自己的事业打下坚实的基础。

别外，谦虚使人进步，骄傲使人落后。纵观古今中外的先哲伟人，即使他们取得了令人瞩目的成就，也极少有人因此而狂妄自大。相反，他们往往非常清醒地认识自己，同时保持着谦虚。

在一次国际文坛聚会上，一位女作家衣着朴素，言语不多，态度谦逊。一旁的男作家并不认识她，以为她只是个不知名的小作家。

因此，他不自觉地流露出一种居高临下的姿态。

“请问，小姐，您是专业作家吗？”

“是的，先生。”

“那么，您有什么著作问世吗？是否可以让我拜读一两部？”

“我只是写写小说而已，不算什么著作。”

男作家更加坚定了自己的判断。

他说道：“哦，您也写小说，那我们算是同行了。我已经出版了39部小说。请问您出版了多少部？”

“我只写了一部。”

男作家带着几分轻视，追问道：“哦，您只写了一部小说。那能否告诉我，这本小说的名字是什么？”

“《飘》。”女作家平静地答道。

那位自大的男作家瞬间目瞪口呆，再也说不出话来。

女作家的名字叫玛格丽特·米切尔，她一生只写了一本小说。如今，我们都熟知她的名字。而那位声称出版了39部小说的男作家，却已无法查证其姓名。

世上只有虚怀若谷的求知者，没有狂妄自大的成功者。曾国藩曾说：“君子之所以超越他人，只在于谦虚而已。”谦虚是通向成功并赢得他人尊重的重要品质之一。在生活中，往往那些才识与学问越高的人，反而在态度上越加谦逊。他们希望不断精益求精，更上一层楼。谦虚使人能够倾听他人的意见，摆正自己的位置。相反，骄傲自大则容易使人居高临下、目中无人。

法国启蒙思想家孟德斯鸠曾说：“谦虚是一种不可或缺的品德。”谦虚谨慎的性格使人能够在面对成功与荣誉时不骄不躁，将其视为激励自己继续前行的动力，而不会沉溺于成功的喜悦中无法自拔。若将荣誉视为包袱，沾沾自喜于一得之功，便很容易停滞不前。

谦虚谨慎是一种人们应具备的基本品格。具备这种品格的人，在待人接物时能够表现得温和有礼、平易近人，尊重他人，善于倾听别人的意见和建议，并虚心求教、取长补短。面对自己时，他们有自知之明：在取得成绩时不骄傲自满；在发现缺点和错误时不文过饰非，而是主动采取措施加以改正。懂得谦虚的人往往能赢得他人的友善与关怀，从而为未来事业的成功奠定良好的基础。

在人际交往中，谦虚的人总是受到欢迎，而那些自以为是、傲慢无礼的人通常会让人反感。正如英国伯爵柴斯特菲尔德所言："如果你想受到赞美，就用谦逊作诱饵吧。"谦虚不仅是人们应具备的美德，从某种意义上说，它也是建立良好人际关系的一种力量。谦虚的人之所以受人欢迎，是因为他们懂得放低姿态，不吝于向他人请教，从而赢得更多的尊重和支持。

刘曦在一家外资公司工作。尽管她进入公司不到三年，但凭借出色的管理能力和明确的市场规划，使公司效益连续翻番。然而，逐渐取得成功的刘曦开始沾沾自喜，在同事面前表现得趾高气扬，甚至流露出高人一等的态度。在公司里，她对任何人都显得不屑一顾，甚至连董事长和总经理也未能例外。一次会议上，刘曦与总经理在某项议题上产生分歧，董事长试图打圆场，和缓气氛。然而，刘曦却当众高声说道："你懂什么？你根本不了解情况！"这一言论令董事长难堪，对刘曦的表现非常不满。不久后，人力资源经理找到刘曦谈话，告诉她如果想继续工作，就必须遵守公司的规矩，尊重老板，否则只能选择离职。刘曦一气之下愤然辞职。然而，半年后，她在求职过程中屡屡碰壁，这才意识到自己当初的冲动离职是多么不明智。曾经高傲的自己，如今竟沦为职场中无人问津的角色。她终于明白，不懂得谦逊付出了沉重的代价。

谦逊源于内在的力量，而高傲则往往出自内心的空虚和无能。狂妄自大和自以为是不仅不会为我们带来良好的机遇，反而可能断送前程。因为一个喜欢标榜自己的人，常常会失去朋友。没有人愿意与一个爱自我吹嘘的人相处。当信任被破坏时，别人不仅会对你的能力产生怀疑，更糟糕的是，你的品德和为人也会受到质疑和批评。显然，一个缺乏好人缘、不值得信赖的人，很难与成功相遇。

俄国作家契诃夫曾说：“人应该谦虚，不要让自己的名字像水塘上的气泡那样一闪就过去了。”如果你认为自己拥有广博的知识、高超的技能、卓越的智慧，更要以谦虚为底色，以便取得辉煌的成就。因此，你要永远记住：“伟人多谦逊，小人多骄傲；太阳披着朴素的光衣，白云却穿上了绚丽的裙裾。”

认真对待别人的意见，不可固执己见

古人云：“当局者迷，旁观者清。”当事人由于身在其中，往往无法把问题看清楚、看透彻，这就需要多听一听他人的意见。虚心接受他人的建议，这不仅是一种美德，也是帮助自己走向成功的有效途径。遗憾的是，有些人却不懂得这一点。下面这个寓言故事，或许能给你一些启示。

鹰王从遥远的地方飞到远离人类的森林，打算在密林深处定居。它挑选了一棵又高又大、枝繁叶茂的橡树，在最高的一根树枝上开始筑巢，准备在这里孵育后代。鼹鼠听说后，大着胆子向鹰王提出警告：“这棵橡树可不是安全的住所，它的根几乎烂光了，随时都有倒塌的危险。你们最好不要在这里筑巢。”

“鼹鼠是什么东西，竟然胆敢跑来干涉本大王的事情？”鹰王根本不听鼹鼠的劝告，立即动手筑巢，并在当天就把全家搬了进去。

然而，不久之后，当鹰王外出打猎并带着丰盛的早餐飞回来时，那棵橡树已经倒塌，巢中的子女全部摔死了。看到眼前的惨状，鹰王悲痛欲绝，放声大哭：“我竟把最好的忠告当成了耳旁风！真没想到，一只鼹鼠的警告竟会如此准确，真是不可思议！”

这时，谦恭的鼹鼠答道：“轻视从下面传来的忠告是愚蠢的。你想想，我住在地底下，和树根近在咫尺。树根的好坏，有谁会比我更清楚呢？”

俗话说：“听人劝，吃饱饭。”刚愎自用、不听取他人意见，只会让自己走向失败。

人非圣贤，孰能无过？我们每个人在性格或待人处事方面，难免会有未曾察觉的盲点或偶然的疏忽。如果有人能够指出我们的不足，那无疑是我们的幸运。我们应当具备从谏如流的雅量，善于听取不同的意见。

正所谓“君子和而不同，小人同而不和”，经常倾听不同的意见，对自己和他人都有益处。尤其当一个人的智慧不足以独立解决问题时，能够虚心接受他人的建议，往往能达到事半功倍的效果。

乔治在纽约郊外著名的卡瑞月湖度假村工作。那里常常接待许多富裕的客人，他们来此度假以缓解城市生活的紧张与压力。

有一次周末，乔治正忙得不可开交时，一名服务生端着一个盘子走进厨房，对他说：“有位客人点了这道‘油炸马铃薯’，但他抱怨切得太厚了。”

乔治看了一眼盘子，发现这些马铃薯和往常的油炸马铃薯并无区别。他心想，从前从未有人抱怨过切得太厚。不过，他并未忽视客人的反馈，而是将马铃薯切得更薄，重新制作了一份，并让服务生送了过去。

几分钟后，服务生端着盘子气呼呼地走回厨房。他对乔治说：“我想，那位挑剔的客人一定是在生意上遇到了困难，然后借着马铃薯来发泄。他对我发了一通牢骚，还嫌切得太厚了。”

乔治在忙碌的厨房里也很生气，从没见过这样的客人！但他还是忍住脾气，静下心来，耐着性子将马铃薯切得更薄，然后放入油锅中炸至诱人的金黄色。捞起后，他将炸好的马铃薯放入盘中，又在上面撒了些盐，然后让服务生再次送过去。

没过多久，服务生又端着盘子回到厨房找乔治，但这次盘子里空无一物。服务生对乔治说：“客人满意极了，连连夸赞说这辈子从没吃过这么好吃的炸马铃薯。同桌的其他客人也都赞不绝口，他们还要再来一份。”

这道薄薄的炸马铃薯从此成了乔治的招牌菜，吸引了许多人慕名前来品尝。随着名气的传播，这道菜被发展出了各种口味，如今已成为全球各地人们喜爱的休闲零食。

乔治的成功，可以说与他虚心听取客人意见的态度密不可分。聆听他人的意见是完善自我的必由之路。每个人对自己的思想和行为最为熟悉，正因为太熟悉，往往对某些缺点习以为常。然而，想要进步，就需要经常“照镜子”，发现不足并加以改进；需要虚心听取他人的意见和建议，才能更快成长。当然，听取建议并不意味着在意别人的闲言碎语，而是要倾听那些真知灼见，以及真诚的意见。

子曰：“三人行，必有我师焉。择其善者而从之，其不善者而改之。”别人的意见中，总会有值得我们思考和学习的地方。只有怀着谦卑的态度，我们才能更好地接受他人的意见。唯有从内心真正重视他人的意见，才能真正采纳并从中获益。

日本“经营之神”松下幸之助在接受哈佛大学教授访问时，当被问及“请用一句话概括经营诀窍”时，他回答说：“细心倾听他人的意见。”

松下幸之助非常擅长与员工沟通，尤其注重倾听员工的意见和建议，甚至是他们的抱怨。

他经常询问下属管理人员：“说说看，你对这件事是怎么考虑的？”或者“如果是你来做，你会怎么办？”起初，一些年轻的管理人员不太愿意发表看法，但当他们发现松下幸之助非常尊重他们，认真倾听他们的意见，甚至常常拿笔记录建议时，他们逐渐开始认真表达自己的见解。

此外，松下幸之助一有时间就会到工厂走访，一方面便于发现问题，另一方面有助于听取一线工人的意见和建议——而他认为后者更为重要。当工人向他反映意见时，他总是认真倾听。无论对方多么啰唆，也不管自己有多忙，他都会专注地倾听，不时点头，对赞成的意见及时表示肯定。

他常说："无论是谁的话，总有一两句是正确且值得借鉴的。"此外，松下从未有过"人微言轻"的观念，无论何时，他都认真倾听，即便是来自最基层员工的意见。

正如人们常说："兼听则明，偏信则暗。"只有广泛听取他人意见，特别是不同的意见，才能更周全、更全面地考虑问题，从而尽可能做好每一件事。

俗话说："众人拾柴火焰高。"一个人的思维方式和视野总是有限的，不同的人能够从不同的角度和层次去分析问题，得出的结论自然更全面。况且，如果听取的是比自己更有经验和更有深度的人的意见，结果往往会事半功倍。

在当今社会，我们越来越重视合作，越来越重视集体意识和团队精神。而虚心听取别人的意见是实现合作的基本条件。如果连这点都做不到，又何谈相互合作呢？因此，我们不仅要对自己的所作所为保持自信，还要认真分析别人的意见，从中汲取有益的观点，不断修正自己前进的方向。这样成功便会离我们更近。

学会说"不"，别让"不好意思"害了你

生活中，很多人在面对拒绝时感到为难，从而让自己陷入麻烦。与其委屈自己，不如学会说"不"。

拒绝是一门人生的学问，也是一种生活的艺术。有一句经典台词："要想不被别人拒绝，你最好先学会拒绝别人。"这句话

告诉我们，如果想在交往中掌握主动权，首先要学会拒绝。要明白，一味地迎合、妥协或逆来顺受，不仅无法赢得别人的尊重，反而可能让人轻视你。而如果你能适当地拒绝，并且拒绝得有理有据，不仅不会得罪对方，反而会赢得对方的尊重。正如一位哲人所说："学会拒绝，是成熟的标志之一。"

某市教委从一些学校抽调人员，对全市的中学进行实地考察，并撰写调查报告。一位新来的教师由于暂时还未授课，便被单位派去参与其中。起初，这位教师感到为难。他刚刚走出校门，不仅对本市的教学情况不熟悉，对教育工作本身的理解也十分有限。他原本不想参加，但由于校长亲自开了口，实在不好意思拒绝，只得勉强服从安排。

一个半月过去了，其他学校的教师都按分工提交了调查报告，唯独他，由于不谙世事且缺乏经验，对自己负责调查的三个中学连基本情况都没摸清，更不用说进行分析了。市教委主任对此十分恼火，责备校长："怎么推荐了这样一个人？"这位教师感到颜面尽失，既愤怒又羞愧，其后果也是可想而知。

这位教师因为当初不好意思拒绝任务，最终不仅丢了面子，连身心也受到了伤害。这件事对我们来说是一个值得深思和借鉴的教训。

在生活中我们经常会遇到类似的情况。当面对他人提出的一些请求时，要么因为仓促而草率地做出决定，要么碍于面子而不好意思拒绝。如果总是这样，不仅会打乱自己的正常计划，让生活陷入被动，还可能使本应对自己有益的人际交往变成一种负担。不懂得拒绝的人，往往会处于被动，被他人牵着鼻子走。因此，在必要的时候，我们应该勇敢地对别人说“不”。

罗斯福在当选美国总统之前，曾担任美国海军部部长。一天，一位老朋友向他打听海军在加勒比海一个小岛上建立潜艇基地的计划。罗斯福思索了一下，然后四下环顾，压低声音问那位朋友：“你能保密吗？”对方信誓旦旦地回答：“当然，我一定能。”“那么，”罗斯福微笑着说，“我也能！”听到这里，两人不约而同地大笑起来。

罗斯福不便直接回绝老朋友，而是巧妙地绕开问题，以不露痕迹的方式表达了拒绝的理由，最终以委婉的方式“化解”了对方的请求。凭借高超的语言艺术，他既坚持了不泄露秘密的原则立场，又避免让朋友感到难堪，从而达到了良好的效果。

在人际交往中，提出请求的人往往都不希望被拒绝。一旦遭到拒绝，难免会感到不悦或失望。有时，这种情绪可能会伤害彼此的感情，妨碍双方的沟通与理解，甚至影响正常交往关系的建立。因此，在拒绝他人时，应尽量像罗斯福那样以委婉的方式表达，避免伤害他人的自尊心。

生活中，我们既要敢于拒绝，也要善于拒绝。既要能够拒绝别人，又要尽量避免让对方感到尴尬和难堪。一旦决定拒绝对方，态度应当坚定，但表达方式不宜过于生硬。《论语》中记载了孔子拒绝会客的一个故事，值得我们细细体会。

有一个名叫孺悲的人，原本是鲁国国君派来向孔子学习礼仪的。然而，孺悲为人傲慢，孔子并不想见他，但又不便直接说明，以免伤了他的面子。于是，孔子吩咐家人转告等候的孺悲，说自己身体抱恙，无法接待。家人按照孔子的吩咐，将这一消息传达给孺悲。孺悲听后，心想既然孔夫子生病了，自己也不好继续打扰，于是起身离去。

然而，当孺悲经过孔子家的庭院时，听到了孔子嘹亮动听的歌声。从这歌声中，他意识到孔子并没有生病。孺悲恍然大悟，明白了孔子其实是不想见自己。自此，他便不再登门自讨没趣。

孔子此番做法，是在用行动告诉孺悲，自己并非因病不见，而是根本不想见。这种形式的拒绝，既维护了来访者的面子，又达到了预期的效果。

很多时候，委婉拒绝比直接拒绝更容易让对方接受，因为它在一定程度上照顾了被拒绝者的自尊心。因此，当对方提出请求而你又不方便直接拒绝时，可以采取委婉的方式表达拒绝。婉言能够使原本可能尴尬的交往变得顺畅，让对方在较为舒适的氛围中接受拒绝。

于洋和老板的关系不错，因此老板每逢有活动或聚会，总会叫上他一起参加。但时间一长，于洋发现自己的下班时间几乎被各种应酬占满，回家陪伴家人的机会也变得稀少，甚至很难享受妻子精心准备的晚餐。他意识到这样下去并非长久之计，于是开始思考如何巧妙地拒绝老板的邀请，既能表达自己的意愿，又不会让老板感到不满。

这天快下班时，老板走到于洋的办公桌前，笑着说道：“于洋，今晚约好了和王总一起吃饭，下班后一起去吧，别忘了啊。”

于洋一听，又是陪老板吃饭，但他早已答应妻子回家一起吃晚饭，毕竟今天是她的生日。于是，他只好装出一副无奈的表情，对老板说：“老板，您也知道，我家那位可是个强悍的‘母老虎’。今天是她的生日，要是我不回去陪她吃饭，估计以后连家门都进不去了。您看，今晚的饭局能不能让其他同事陪您去？”

老板听到于洋拒绝，显然有些意外，愣了一下，但很快恢复了笑容：“哈哈，没想到你还是个顾家的好男人！今晚的饭局你就别去了，好好回去陪你老婆过生日吧。以前是我考虑得不周，以后的饭局你适当参加就行，不用每次都来。”

于洋笑着回应：“谢谢老板的理解和体谅。”

就这样，于洋用巧妙的方式成功对老板说出了“不”。面对一些无理的要求，如果直接拒绝，可能会让人难堪。学会运用委婉的语言进行拒绝，则显得更加婉转和含蓄，既清晰地表达了自己的拒绝意图，又更容易让对方接受。

以委婉的方式拒绝他人有诸多好处，它不仅可以为对方保留面子，还能让对方感受到被尊重的态度。这样一来，双方不仅不会因为拒绝而产生隔阂，反而可能因此拉近距离，加深彼此的友谊。

在许多情况下，拒绝他人总是让人难以开口，但有时拒绝却又势在必行。这时，不妨尝试以委婉的方式表达拒绝，从而减少对方因被拒绝而产生的不快情绪。

拒绝是一门人际交往中的应变艺术。学会拒绝，不仅能够减轻心理上的紧张和压力，还能展现出独特的人格魅力，同时避免在交往中陷入被动状态，有助于处理好人与人之间的关系。如果运用得当，还能达到文雅得体、含蓄悠然、弦外有音、余味无穷的奇妙境界。

第七章

三思而后“言”，成人以后不可再“童言无忌”

“玩笑”可以开，但不能“过头”

常言道：“笑一笑，十年少。”在日常生活中，开玩笑往往是调剂气氛的一种方式。与朋友交谈时，适当地开个得体的玩笑，不仅能够增添乐趣、松弛神经，还能活跃气氛，营造出轻松愉快的交流环境。然而，有些人却因为自以为是或缺乏分寸，随意开玩笑，反而让他人感到不快。

周华是一家公司的销售经理，个人能力非常出色。他不仅深受公司高层的器重，也赢得了下属的尊敬。然而，周华有一个天然的“短板”，那就是个子比较矮，甚至比许多女员工还矮上一截。尽管周华平时并未因身高问题表现出自卑，但员工们始终小心翼翼，生怕无意间触及他的敏感点，因此在与他交谈时对这个话题总是格外避讳。

一次，周华在吃饭时与副经理讨论当下哪款汽车比较热门。小赵端着酒杯走过来，饶有兴趣地坐下，加入了讨论。周华说道：“我看来看去，始终觉得中型轿车更显大气，所以一直在犹豫要不要换成中型轿车。”小赵一听，差点把饭喷了出来，大笑道：“经理，您真逗！您要是买了中型轿车，我立刻送您一把梯子，让您随时带着备用！”平时，周华也是个喜欢和下属开玩笑的人，但这次只有小赵在哈哈大笑，周华却没有露出一丝笑容。小赵这才意识到自己说错了话，赶紧解释道：“不，经理，我不是那个意思，我只是随口开个玩笑。”然而，这随口的一句玩笑，最终让小赵付出了代价——他被要求加了一个月的班，还被调到了一个与经理见面最少的团队。

生活中，不少年轻人也会犯下类似的错误，自以为开的玩笑无伤大雅。然而，如果对方将你的“玩笑”视为嘲讽，甚至因此怀恨在心，破坏了两个人的关系，导致友谊破裂或关系紧张。因此，开玩笑需要掌握分寸，否则不仅达不到预期的效果，反而会让人尴尬。这样的玩笑，与其开了惹麻烦，不如不开。

赵立和吴斌是非常要好的朋友兼同事，几乎到了无话不谈的地步，因此在相互开玩笑时也显得毫无顾忌。吴斌前些年因加班太多，无暇顾及家庭，导致妻子与他离婚。几经拼搏后，他最终事业有成，与赵立分别成为某集团公司旗下两个分公司的经理。

有一次，在总公司的例会上，轮到吴斌发言。他谦逊地说道：“我想说的大家都已经说过了，就不再重复了。”这时，赵立开玩笑地插话道：“你谦虚什么呢？还怕别人学到你的真传吗？好吧，你不想说，那我替你说吧。你的成功秘诀就在于掌握了‘双证’：一是大学毕业证，二是离婚证。”

在一片哄笑声中，吴斌的脸一下子涨得通红，犹如猪肝色。从那以后，吴斌与赵立断绝了来往，形同陌路。

在这个事例中，赵立的玩笑显然太过火了。玩笑中的“双证”里，有一证显然是吴斌的忌讳和痛处。他不愿让更多人知道这些事，更不希望成为别人议论的谈资，但赵立却拿这个开玩笑，无意中伤害了吴斌，导致两人关系破裂。一般来说，开玩笑的目的是为了营造一种令人会心一笑的幽默氛围。然而，若玩笑内容侵犯了他人的隐私或触及了对方的敏感点，那就实在是越界了。

通过这个事例可以看出，开玩笑最忌不分内容、不分场合、不分对象地随意调侃，而是需要把握好分寸。一旦失去“度”，你的玩笑就可能会演变成嘲讽，伤害他人。因此，与他人开玩笑时，务必要讲究分寸和场合。

1. 不要板着脸开玩笑

幽默的最高境界，往往是幽默者自己不笑，却能让别人笑得前仰后合。如果你达不到这种境界，那就不要板着面孔与别人开玩笑，以免引发不必要的误会。

2. 态度友善

友善的态度是开玩笑的基本原则。开玩笑的过程，本质上是情感的交流与传递。如果借着开玩笑之名对他人冷嘲热讽，发泄内心的不满或厌恶，那么聪明人自然会察觉到你的真实意图。即使你在语言上占了上风，也只会让别人觉得你缺乏尊重，从而疏远你、不愿与你交往。

3. 开玩笑要选对时机

俗话说：“人逢喜事精神爽。”开玩笑最好选择在对方心情愉悦的时候，或者在对方因小事生气时，通过适当的玩笑缓解其情绪、转移注意力。然而，如果对方正在经历重大挫折或情绪低落，则需谨慎避免，以免适得其反。

4. 开玩笑要分清对象

由于性别、年龄、经历的不同，以及价值观和理解能力的差异，人们对玩笑的承受能力也不尽相同。因此，同样一个玩笑，可能适合对某个人开，却未必适合对另一个人开，这正是开玩笑的学问所在。对于身边的朋友或比较亲近的人，开几句玩笑通常无伤大雅。但如果对方的年龄或身份比自己高，例如长辈、上级或专家等，就必须慎重考虑玩笑的内容和方式，否则可能显得极为不礼貌。此外，开玩笑还需注意性别和性格的差异。与男性开玩笑时，通常空间较大，尺度也较易把握；而对女性，特别是年轻女性，则需格外小心，以免引发反感或误会。如果对方性格内向，喜欢琢磨言外之意，开玩笑时应更加谨慎。如果对方平时性格开朗，但正处于不愉快或伤心的状态，也不宜随意开玩笑。相反，如果性格内向的人正值喜事临门，此时开个恰当的玩笑，可能会取得意想不到的效果。

5. 不要拿别人的缺点或不足开玩笑

绝对不要拿别人的缺点或不足开玩笑。如果随意取笑对方的缺点，容易让对方感到你是在冷嘲热讽。如果对方是个敏感的人，你的一句无心之言可能会触怒对方，使彼此关系陷入紧张。一定要注意，切勿“祸从口出”，否则只会追悔莫及。

总之，开玩笑是生活中的润滑剂，它能让人身心愉悦，缓解疲劳，也是增进人际情感的一种方式。然而，必须牢记：开玩笑要讲究分寸，恰到好处才是智慧之举。

不揭他人之短，不探他人之秘

《弟子规》中有这样一句话：“人有短，切莫揭；人有私，切莫说。”其意思是，对于他人的短处，千万不要去揭露；对于他人的私事，也不要随意谈论。在生活中，我们难免会与各种人交谈。在闲谈时，一定要注意避开对方忌讳的话题，不要戳别人的伤疤或揭露他人的短处。对于任何人而言，被触及痛处都是一件令人不快的事情。

小白为人热情，无论谁有困难，他都会主动帮忙出主意、想办法，因此在办公室里深受同事们的欢迎。然而，他在单位工作了好几年，一直业绩平平，始终得不到领导的赏识，为此他感到非常苦恼。一天，因为工作上的问题，他与一位同事发生了争论。没想到，那位同事突然冒出一句话：“也许你的观点是对的，毕竟你是咱们办公室里资格最老的，都待了三四年了……”这句话瞬间戳中了小白的痛处，他的脸顿时涨得通红，却一句话也没说。事后，那位同事向他道歉，小白表面上表示原谅，但对那句话始终耿耿于怀。

俗话说：“人活一张脸，树活一层皮。”从心理学的角度看，人人都有自尊心，维护自尊是人的本能。无论一个人的出身、地位、权势或风度如何出众，总会有一些不能被触碰、不可被冒犯的隐秘之处，这些是人的“雷区”。当一句话直击对方的软肋或揭开对方的“伤疤”，只会让对方在面子上过不去，进而引发矛盾，影响彼此的人际关系。

康熙皇帝年轻时励精图治，创下了不少功绩。但到了晚年，由于年事渐高，逐渐形成了一个怪癖——忌讳他人提及“老”字。如果有人谈及“老”，他轻则不悦，重则严加治罪。因此，身边的臣子们都非常清楚他的心理，在言谈中尽量回避提到“老”字。

有一次，风和日丽，康熙带着几位皇妃到后花园的湖边垂钓。不久，鱼竿一动，他立即提起钓竿，发现钩上钓到了一只老鳖，心中颇为高兴。然而，刚将老鳖拉出水面，就听“扑通”一声，老鳖脱钩落水，重新游走了。康熙不禁长吁短叹，连连感叹可惜。

随行的一位年轻妃子见状，急忙开口安慰：“看起来这是一只老鳖，可能年老得连牙齿都没了，所以咬不住钩子。”

这位妃子的本意是想劝慰皇帝，谁料话音未落，康熙龙颜大怒。他认为妃子话中有意，暗讽自己年老体衰，牙齿不全，甚至暗示他无用了。盛怒之下，他将这位妃子打入冷宫，终身不得复出。

年轻的妃子原本是想讨好并安慰康熙，却因事先没有考虑到皇帝的禁忌，说出了不恰当的话。康熙年事已高，体力和精力确实有所下降，但他并不愿意面对这个现实，还希望旁人从客观上予以否认。因此，一旦有人触及这个话题，他的内心便难以接受。

我们常说“瘸子面前不说短”，“胖子面前不提肥”，“东施面前不言丑”，这些俗语都强调了一个道理：对让人感到失落或痛苦的事情应尽量避而不谈。每个人都有各自不同的成长经历，也都有自己的缺陷与弱点。这些弱点可能是生理上的，也可能是隐藏在内心深处、不堪回首的经历。这些都是他们不愿提及的“伤疤”，是他们在社交场合极力隐藏和回避的问题。触及这些痛处，对任何人来说，都会带来不快的感受。尤其是面对他人的缺陷，更不能用侮辱性的语言进行攻击。无论是谁，只要你揭开了他的伤疤，对方都会采取某种方式进行反击，因为每个人都希望在心理上寻求一种平衡。因此，我们要尽量避免谈论他人的短处，否则不仅会损害他人的尊严，还会暴露自己品德上的缺陷。

有一天，窦太后召见了一位很有名气的儒生，名叫辕固生，请他谈谈《老子》一书的要旨。辕固生却轻蔑地说：“此是家人言耳！”意思是，这不过是村妇的见解，不值一提。

恰巧窦太后出身农家，听后勃然大怒。为了惩治这个傲慢的儒生，太后命令道：“书就不用读了，把你送进猪圈，看你有没有本事制服那头野猪！”

幸而旁边的景帝悄悄递给辕固生一把利刃，他才得以将野猪刺死。

中国有句俗话：“病从口入，祸从口出。”许多是非往往因我们的多嘴多舌而起。揭人短处，翻人污点，无论是有意还是无意，对己对人都是不利的。

荀子说：“与人善言，暖于布帛；伤人以言，深于矛戟。”人难免各有所长，各有所短。我们不应做那种以己之长比人之短的事情。而且，今天你揭了别人的伤疤，难保他日不会遭到报复。因此，谨慎地说好每一句话才是明智之举。

在人际交往中，如果你想与他人和睦相处，需要具备一定的变通思维，尽量体谅他人，维护他人的自尊，避免触及言语上的“雷区”。千万不要故意戳人痛处。

祸从口出，不可口无遮拦

俗话说：“君子慎言，祸从口出。”在与人交流时，每句话出口之前都应仔细斟酌，考虑是否得体，不可口无遮拦、随意而言。生活的经验告诉我们：一定要管好自己的嘴巴，否则可能会招致祸患。

南北朝时期，贺若敦是晋国的一位大将。他自恃功高才大，看到别人被封为大将军，而自己却未获晋升，心中不满，常在言语中流露抱怨。

这些怨言传入晋公宇文护的耳中后，他勃然大怒，强迫贺若敦自杀。临死前，贺若敦对儿子贺若弼说道：“我一心为国效力，如今却未能如愿。你一定要继承我的遗志。我因这张嘴丢了性命，这个教训你千万不能忘记！”说完，他拿起锥子，狠狠刺破了儿子的舌头，希望以此让他铭记这血的教训。

多年以后，贺若弼成为隋朝的右领军大将军。然而，他并未吸取父亲的教训，也自以为是；动辄指责他人，并目无上官、怨言频出。这些不满之辞传到了隋文帝耳中，贺若弼被逮捕下狱。

此时，贺若弼因言语不慎已经得罪了不少人。朝中一些公卿大臣为了避免受到牵连，纷纷揭发他过去说过的那些对朝廷不满的言论，并主张处死他。

隋文帝见状，对贺若弼说道：“大臣们对你已是十分厌恶，要求严格按法处置。你自己好好想想，可还有活命的理由？”此时，贺若弼再也不敢辩解或攻击他人了。隋文帝念及他过去的功劳，才给他留了一条性命。

贺若弼父子二人，皆因口无遮拦而招致杀身之祸。由此可见，如果不能管好自己的嘴巴，麻烦就会随之而来。说话之前，一定要经过深思熟虑，因为“说者无心，听者有意”。随口而出的言语若不经过深思熟虑，很可能会酿成大祸，甚至毁掉自己的一生。

人与人之间的好感来之不易，而恶感却易如反掌。在与人交谈交流时必须保持谨慎，否则一言失误，便可能在感情上留下裂痕。也许你认为“言者无惧”，世上无人可惧；也许你觉得心直口快能够彰显坦率刚正；也许你认为直言不讳无伤大雅……然而，当这些“也许”都不复存在时，你或许就要为自己“不经意”的言语付出代价。因此，说话须谨慎。如果口无遮拦，不顾及他人的感受，很容易伤害到他人，从而招致反感，甚至可能引发对你的打击报复。

苏东坡才华横溢，年轻时难免恃才傲物，行事率性而为。在科举考试中，他竟然杜撰典故，因编得过于逼真，连博学如欧阳修者也未能察觉。事后，欧阳修询问他典故的出处，苏轼答道：“想当然耳。”

正是这种“想当然”的才情与直率的性格，使得苏东坡后来敢于犯颜直谏，反对新法，最终引发震惊文坛的“乌台诗案”。

“乌台诗案”发生后，苏东坡在湖州被捕。在被押解至京城接受审问时，亲友们前来哭别。彼时，苏东坡讲了一个故事：

宋真宗时期，四处寻访隐士。其中一位名叫杨朴的隐士以诗闻名。然而，被宋真宗召见时，杨朴却声称自己不会作诗。宋真宗便问他：“临行时，可有人为你作诗相送？”

杨朴回答：“只有我的小妾送了一首：‘更休落魄耽杯酒，切莫猖狂爱吟诗。今日捉将官里去，这回断送老头皮。’”宋真宗听后大笑，随即允许他归隐山林。

“乌台诗案”之后，苏东坡收敛了往日的豪情，变得更加谨言慎行。

其实，何止吟诗不能放肆，一言一行都不应肆意妄为。常言道：“心无遮拦是坦荡，口无遮拦是祸端。”如今生活中因“出言不慎，惹是生非”而引发的事例屡见不鲜。一句话脱口而出，往往会引发无尽的麻烦。言语一旦出口，如覆水难收，而精神上的伤害较之肉体上的创痛更为深刻，更令人铭心刻骨。

于丽新到某单位担任助理，上司是一位姓陈的女主管。这位女主管比于丽年长五岁，由于两人毕业于同一所学校，因此对于丽颇为照顾，于丽也把自己当成了陈主管的师妹，言谈间难免显得有些随意。

一天，陈主管在茶水间和隔壁部门的一位同事聊天，于丽恰巧走了进来。当她听见两人聊到公司一位同事的婚事时，饶有兴趣地问："陈姐，您结婚了吗？"

陈主管停顿了一下，表情有些不悦，答道："没有。"从她的神情中可以看出，她并不喜欢被问及这个问题。然而，于丽似乎没有察觉，或者察觉了却并未在意，继续追问："为什么还不结婚呢？不会是连男朋友都没有吧？"这样的询问显然涉及个人隐私，本不该冒昧提及。

陈主管语气冷淡地回答："有，不想结。"简短的回复中明显带着不快。然而，于丽依旧没有意识到自己的言语不妥，甚至又接着说道："陈姐，您年纪也不小了，赶紧结婚吧！不然再过几年，就成豆腐渣了。"这句话带有明显的冒犯意味，此时陈主管的脸色已经变得十分难看。站在一旁的那位同事赶紧打圆场："于丽，这话可不能随便对上司说。"

然而，于丽依然笑嘻嘻地说道："陈姐，我说的可是实话，对吧？"

于丽经常说出类似冒失的话，尽管女主管脾气很好，也难以接受下属对自己如此随意地评头论足。渐渐地，她对待于丽的态度发生了变化，从起初的关照有加，变为慢慢疏远。

与人交谈时，言辞过于随意，很容易失言。一旦说错话，再想补救往往难上加难。俗话说，“三思而后行”，这就要求我们在说话时有所把控，清楚地判断哪些话该说，哪些话不该说。否则，若因言行不慎让对方难堪，或使事情变得更加复杂，便显得极不明智。因此，在说话时，应特别注意斟酌言辞，“话到嘴边留三分”，千万不要因为一时痛快而随口而出，最终追悔莫及。若想成为一个善于应变的智者，就必须在处事中时刻保持谨慎——有口，更要有心。

留有余地，话不要说得太满

生活中，我们常常听到有人这样评价：“男人没一个好东西”或“女人没一个好东西”。这样的说法是否属实？显然并非如此。这种过于绝对的言辞，往往以偏概全，显得极不公允。就如当年拿破仑曾豪言：“再过三年，我将成为世界的统治者！”然而，仅仅三年后，他的帝国便轰然倒塌，成为历史的笑柄。有时，说话过于满溢或绝对，不仅会显得武断，还会让自己失去回旋的余地，甚至断绝退路。因此，讲话应适度留白，既给对方空间，也为自己保留余地。

把话说得太满，就像气球充满了空气，再继续充气就会爆炸。因此，在说话时，即使遇到你十分有把握的事情，也不要把话说得过于绝对。绝对的言辞容易引起他人的挑剔。与其给别人提供挑剔的借口，不如给自己留一份回旋的余地。

有一位有志向的年轻人，希望能在伟大的科学家爱迪生的实验室里谋得一个职位。恰巧爱迪生当时也需要一名得力助手，于是给了他一次面试的机会，并亲自接见了他。年轻人向爱迪生表明了自己的来意，同时表达了自己的雄心壮志。他说：“我一定会发明出一种万能溶液，它可以溶解一切物质。”爱迪生听后，微笑着问他：“那么，你打算用什么容器来装这种溶液呢？”年轻人听罢，顿时语塞。面试的结果自然也就可想而知了。

这位年轻人正是因为把话说得太满，才陷入了自相矛盾的境地。如果将“一切”换成“大部分”，他便不会如此窘迫。

俗话说：“话不可说满，事不可做绝。”如果说话太满，不给自己留一些余地，就可能陷入尴尬的局面。相反，如果说话富有弹性，留有进退的空间，就不会因为“意外”的出现而下不了台，还能在更广阔的范围内与对方周旋。

有一次，一位推销员向一家人推销一套儿童百科类的图书。他声称这套书可以解答孩子提出的大部分问题。随后，他对家中的孩子说：“小朋友，你可以随便问我一个问题，我都能从这本书上找到答案。”小朋友问道：“上帝坐的是什么牌子的车？”推销员顿时语塞，无言以对。可以想象，这次推销活动没有成功。不过，他从中吸取了一个重要教训——话不能说得太满，夸张不能过头。

生活中，许多尴尬局面往往是自己一手造成的，其中不少正是因为说话太绝而引发的。在与人交谈时，话里留一点余地，不把话说死，既给对方留了空间，也为自己保留了回旋余地。这种交流方式不仅富有弹性，更符合理性原则，更容易促成良好的结果。相反，如果咄咄逼人、言辞绝对，等于堵死了自己的后路，也可能让双方的关系陷入僵局。

说话不留余地，实际上等于不给自己留下退路。“要么成功、要么失败”的简单逻辑，已经不适应当今这个复杂多变的社会。为此付出的代价，有时可能是我们无法承受的。与其过于较真，不如调整一下说话方式，多使用一些不确定性的表达，为自己预留余地。比如，当面对别人的请求或领导布置的任务时，可以表示愿意接受，但不要轻易说“我保证没问题”这样的话，而是可以用“我尽量试试看”这样的表述。这并不是缺乏热情或上进心，而是因为生活中难免会有各种意外，这些意外往往超出我们的掌控范围。说话留有余地，不仅是为了给自己提供回旋的空间，也是为了避免在意外发生时陷入尴尬。而且，这样的表达方式还会让人觉得你更加谨慎可靠，从而对你产生更多的信任。

有这样一个有趣的故事：

古时候，有三个屡试不第的秀才结伴去京城参加科举考试。由于多次落榜，他们心里都没有什么把握，也不知道谁能金榜题名。在半路上，他们遇到一座破庙，决定进去请一位老和尚算算他们的前程。这位老和尚名叫空虚，他仔细打量了三人一番，又闭目掐算了一会儿，随后伸出一个手指，说道：“这就是你们考试的结果。”

三人离开后，小和尚感到疑惑不解，便问老和尚：“师父，您伸出一个手指是什么意思？是说他们三人中有一个能考中吗？如果结果不是这样怎么办呢？”

老和尚哈哈大笑，说道：“放心吧，一切尽在掌握。”

小和尚苦思冥想了几天，依然不明白其中的奥妙，于是再次向师父请教。老和尚笑着解释道：“我伸出一个手指，已经涵盖了他们考试的所有可能结果。如果他们三人中有一个考中，我算对了；如果两个人考中，一个落榜，我还是算对了；如果三人都考中了，我也算对——一个手指可以理解为‘一起中’的意思；反之，如果一个都没考中，那也是‘一个都没中’的意思。”

这位老和尚真是充满智慧！事实上，在我们的生活中，也常常会遇到一些无法预知或判断的情况。这时，不要把话说得太满或太绝，不妨借鉴老和尚的智慧，为自己留有余地。

说话时要多加思考，留有余地，为自己留一条后路。如果不这样，正如俗话所说，“君子一言，驷马难追”，这不仅可能给人际关系带来不必要的损失，还可能影响自己的前途和声誉。

以刘爽的经历为例。她是一家事业单位的员工，却因一件小事与同事发生口角。本来事情并不严重，但在气头上，刘爽对同事说道：“你这样的人简直不可理喻，你不要再理我，我也绝不会再理你。”之后，虽然两人有许多机会可以缓和矛盾，但刘爽为了所谓的面子始终拒绝和解。令人意想不到的是，一年后，这位同事升职成了她的直属上司。由于之前的矛盾未能化解，刘爽只得选择辞职。

这个案例中，刘爽的话虽然是气话，却说得太绝对。言语如泼出的水，一旦出口便难以收回。最终，她与同事的关系彻底破裂，而当对方职位上升时，她也失去了继续留在单位的机会。

人情世故，往往错综复杂、瞬息万变。因此，说话时要留有余地，懂得适时让步，不要过于计较，也不要毫不留情。“山不转水转”“人情留一线，日后好相见”，正是这个道理的生动写照。

美国前总统富兰克林曾这样说过：“我所说的话，一定竭力避免伤害别人情感，甚至我自己禁止使用一切确定的词句，如‘当然’‘一定’等，而用‘也许’‘我想’来代替。说话关系重大。你如果出言不慎，跟别人争辩，那么，你将不会获取别人的同情、别人的合作、别人的帮助、别人的支持、别人的赞赏。”弓箭拉得太满容易断，水缸里的水装得太满容易溢出，气球吹得太满容易爆炸，说话说得太绝对也容易导致尴尬的局面。

总之，说话要留有余地，不要把话说得过满或过于绝对，时刻为自己保留一些退路，这是一条重要的说话策略。

在失意的人面前，不谈得意之事

法国启蒙思想家孟德斯鸠曾说过：“我从不歌颂自己。我有财产，有家世，我花钱慷慨，朋友们说我风趣，但我绝口不提这些。固然我有某些优点，而我自己最重视的优点，便是谦虚……”这句话的含义是：一个人在得意之时，更应懂得谦虚慎言。稍有变通思维的人都明白：“得意时不要过于张扬。”当你拥有某些值得骄傲的成就时，无论是升官、发财，还是事业上的成功，都要谨记：不要在失意的人面前高谈阔论。否则，你的言语就像在对方的伤口上撒盐，只会引起对方的反感。

孙伟计划开一家服装公司。在开业当天，他邀请了许多生意上的朋友前来捧场，沈明也在受邀之列。与其他人不同的是，沈明最近因为生意失败赔了不少钱，心情一直非常低落。本来他不想参加，但由于和孙伟的交情深厚，最终还是硬着头皮前来捧场。

剪彩仪式结束后，孙伟邀请朋友们陆续入席。沈明虽没有太大的胃口，但也只能坐在桌边捧个场面。孙伟事先了解过沈明的情况，因此特别交代今天是宴请，不谈生意上的事情。然而，酒过三巡，菜过五味，孙伟的一位生意伙伴因最近发了一笔不小的财，加上多喝了两杯酒，情绪逐渐高涨，开始大肆吹嘘起来。

那人说：“你们不知道，我最近特别高兴，一笔小生意竟然赚了六万多。以前从来没有一下子赚过这么多钱，今天我一定要好好庆祝！”说完便与周围的人举杯共饮。沈明听了，心里很不是滋味。

孙伟见沈明情绪有些不对，连忙上前试图缓和气氛，但那位朋友正喝得兴起，哪里顾得上别人的感受。无奈之下，沈明只好借口身体不适，匆匆离开了现场。走出宴会时，沈明忍不住抱怨：“不就是赚了点钱吗？得意成这样！好像天底下只有他会赚钱似的！”

没过两个月，沈明的生意渐渐有了起色，而那位吹嘘的朋友却赔了一大笔钱。他找到沈明，希望能得到一些帮助。沈明却冷笑着说：“你不是很会赚钱吗？怎么也会有赔钱的时候呢？像您这样的老前辈，我们小辈只能多多学习，哪里轮得到我来帮忙啊！”说完，沈明转身离去，留下那人站在原地尴尬无言。

故事中的那位朋友本意并非伤害他人，但对于沈明而言，此时正处于伤心难过之际，而对方却在得意之时大肆宣扬，无疑让他感到被讽刺，因此记恨在心。人在得意时不妨低调一些，这既是对失意者情绪的体谅，也是谦逊的表现。如此，才能避免在无意间冒犯朋友。

生活中，不少人喜欢在他人面前炫耀自己的得意之事，总以为这样能让自己显得更有优越感，提升自己的面子，甚至博得他人的羡慕或敬佩。然而，这种行为往往适得其反。因为你的得意可能无意间映衬出别人的失意，甚至让对方觉得你是在嘲笑他们的无能，从而产生一种被比下去的挫败感，尤其是对于那些处于失意中的人来说更是如此。如果你在他们面前炫耀自己的得意之事，只会加剧他们的情绪低落，甚至引发他们对你的厌恶。真正聪明的人会把自己的得意放在心里，而不是挂在嘴边，更不会把它当作炫耀的资本。相反，当与朋友交谈时，聪明的做法是多谈对方关心或得意的事情，这样可以赢得他们的好感与认同，从而加深彼此的感情。

一周前，刘慧曾对王芳和其他同事提起，丈夫打算在她生日时送她一件神秘的礼物。然而，事与愿违，生日当天，丈夫恰好因出差未能兑现承诺，刘慧因此什么也没收到，感到非常失落。本已心情郁闷，谁知下午刚到办公室，王芳就兴致勃勃地向刘慧炫耀起来：“看我这钻戒，漂亮吧？我老公特地托朋友从香港买的，足足3克拉呢，花了好几万！刚才还神神秘秘地把我叫出去，原来是给我一个惊喜。你说，又不是生日，也不是什么纪念日，好端端的送这个干嘛呀！”她一边说，一边得意扬扬地举起手炫耀钻戒。本以为刘慧会羡慕地说上几句，没想到刘慧只是面无表情地瞥了她一眼，一言不发。王芳顿时愣住，场面一片尴尬。

在生日当天没有收到任何礼物的刘慧面前，王芳不合时宜地炫耀丈夫送的钻戒，无异于在刘慧的“伤口”上撒盐。刘慧听后自然心生不悦，她用沉默回应王芳的炫耀，这一沉默恰恰成为对王芳最有力的回击。王芳的炫耀不仅让别人感到难堪，也让自己陷入尴尬之中。其实，每个人都有得意的事情，但炫耀和显摆并非必要，尤其是在他人失意或痛苦时更要避免。这样的行为无异于火上浇油，不仅加深他人的痛苦，还可能让自己落得自取其辱的下场。

人生不如意之事十有八九：学业上的不顺，爱情上的失意，事业上的停滞不前……在面对这些失意者时，切记万不可说得意的话。不妨扪心自问，当我们身处失意之境时，若他人在我们面前大谈自己的得意之事，我们是否也会感到心里不舒服甚至难以承受？因此，我们应学会换位思考——在失意人面前，不谈自己的得意之事。懂得这一道理，并怀有这份体谅与共情，我们才能更好地处理人际关系。

心直口快一时爽，人情伤了要遭殃

其实，“直言直语”本是人性中一种可贵而令人珍视的特质。也正是因为这些直言直语的人，才能让是非分明，让正义与邪恶分明，让美与丑分明，让人的优缺点分明。然而，在人性复杂的社会丛林中，这种看似不掩饰、不说谎的“直言直语”，却可能成为一个人的致命弱点。

如果你不掩饰自己的情绪，无论在什么场合，也不在意对方是谁，不考虑言语可能带来的后果，只是心里想到什么就说什么，直来直去、随心而语，很可能会在不经意间冒犯他人。

美国职场心理学大师格雷格·拜尔曾在一次演讲中分享过自己初入职场时的一个小故事。那时，他二十多岁，刚刚进入一家知名的广告公司工作。这份工作充满挑战，因此格雷格·拜尔也全身心投入，以百分之百的热情迎接每一个任务。然而，工作了一段时间后，他逐渐意识到，除了热情，自己还需要学会如何在职场中得体地说话与行事。

有一次，格雷格·拜尔所在的创意部门接到了一项任务：一家啤酒品牌邀请他们设计下一季度即将投放市场的平面广告。

一个星期后，部门召开了创意研讨会，大家将自己设计的广告作品提交上去，由部门经理进行筛选。在几份优秀方案被选出后，经理邀请设计师们相互点评。格雷格·拜尔认为这是一个展示自己能力的好机会，于是兴致勃勃地开始分析这些提案。

“这个设计虽然颜色鲜艳，但并不适合啤酒产品，看起来更像是幼儿园小朋友的涂鸦。”

“如果这个广告是面向农村消费者的，我觉得它可能会受欢迎，因为它看起来确实很‘朴实’。”

“假如我是这个啤酒厂商的老板，我绝不会选择这个设计，除非我喝醉了。”

一连串的点评让格雷格·拜尔感到异常兴奋。他觉得自己的分析一针见血，既指出了设计的不足，又展现了自己的幽默感。然而，当他说完后，他发现会议室里的气氛变得异常沉闷，所有人都表情僵硬，没有一人因他的评论而发笑。

这次会议在压抑的气氛中结束。由于直言不讳和缺乏顾虑的表达方式，格雷格·拜尔成了办公室里众人避之不及的对象。设计师们并非不能接受意见，而是对他尖刻的语言方式感到极为反感。尽管格雷格·拜尔后来意识到自己的问题，但为时已晚。

后来，格雷格·拜尔仔细研究了办公室的语言策略。他学会了如何表达自己的意见而不让他人感到难堪，并明白了心直口快是职场中最不受欢迎的习惯之一。他开始克制自己那些总想脱口而出的刻薄评判，最终在新公司中成为一位广受欢迎的员工。

直爽和坦诚虽然是一种优点，但如果说话过于直接，在任何情况下都实话实说，往往容易得罪人，使自己变得不受欢迎。在生活中，有些人快人快语，想到什么就说什么，不加以过滤，既不分场合，也不顾及谈话对象的感受。这种"心直口快"看似坦率，实则是语言表达中的大忌。

《伊索寓言》中记载了这样一个故事：有一个以直言闻名的人，因无法克制自己的直言不讳而失去了所有朋友。大家都无法忍受他的言辞尖锐，纷纷远离他。在众叛亲离的处境下，他的生活变得孤独而艰难，最后不得不离开家乡。后来，他来到一座修道院。院长听了他的经历后认为，他不应该因此被完全遗弃，于是决定收容他。

过了一段时间，修道院决定将一头年迈的驴子卖掉，以便购置其他所需的物品。院长便将这个任务交给了这位直言不讳的人。院长认为这是一个非常简单的任务，谁知几天过去了，驴子始终没有卖出去。院长感到奇怪，便去询问原因："为什么这头驴还没卖出去？难道没有人需要它吗？"

直言不讳的人如实回答："不是的，有很多人需要驴子。这几天在集市上也有不少人来询问价格。但听了我的话后，他们就都走了。"

"这是怎么回事？"院长不解地问。

那人回答说："当人们问我为什么要卖掉这头驴时，我告诉他们：因为这是一头懒驴，平时让它干活很费劲。而且它又老又病，所以修道院不想留着它了。"

听到这话，院长勃然大怒。他责备道："难道你就不能说点好话吗？你只说驴的缺点，别人怎么会买它呢？"

那人不服气地问："难道我说的不是实话吗？"

院长无奈地叹了一口气，说："你说的确实是实话，但这是不合时宜的实话。我并不是怕你提到驴的毛病，因为我也不想通过欺骗来卖掉它。但你只顾着揭示它的缺点，却完全忽略了它的优点。虽然它懒，但它力气很大，这对很多人来说依然是有用的。”最后，院长语重心长地对他说道：“你固执地坚持说实话，却忘了如何说得恰到好处。或许这就是你没有朋友的原因。我无法再让你留在这里了。我的修道院不需要一个口无遮拦、只知实话而不知分寸的人。”

不可否认，这是一个诚实正直的人，但我们也必须承认，他是一个愚昧的诚实守护者。讲真话固然重要，但真正懂得说话的人，会用恰当的方式和语气表达真相。

同样是讲真话，委婉的语言大致可以归为“良言”，而直言不讳的话虽然不一定是恶语，但在某些人听来却显得刺耳，与恶语无异。直言不讳往往刺激性较强，容易伤害对方的自尊，招致不满，甚至引发矛盾；而委婉的话则更具礼貌，显得得体，让人听了轻松愉快。俗话说：“良言一句三冬暖，恶语伤人六月寒。”我们提倡忠言不必逆耳，理直也无须气壮。也就是说，“忠言”与“理直”都应注意以适当的方式表达，切不可为了说话痛快而忽视对方的感受。

南朝齐代有一位著名的书画家，名叫王僧虔，他是晋代大书法家王羲之的四世孙，以隶书闻名，书法风格如行云流水，极为飘逸。

当时的皇帝齐高帝萧道成也是一位书法爱好者，自视甚高，不愿听人说自己的书法不如臣下。因此，王僧虔在皇帝面前十分拘谨，不敢展露自己的才华。

有一天，齐高帝萧道成提议与王僧虔比试书法高低。于是，君臣二人各自认真书写了一幅作品。写完后，齐高帝傲然问王僧虔："你说，谁为第一，谁为第二？"

若是普通的大臣，通常会立即回答："陛下第一"或"臣不如也"。然而，王僧虔却不愿贬低自己，明明自己的书法胜过皇帝，为何要违心作答呢？可他又不敢冒犯皇帝，该如何应对？王僧虔灵机一动，竟想出一句流传千古的绝妙答语："臣书，臣中第一；陛下书，帝中第一。"

他巧妙地将臣子与皇帝的书法划分为两类，即"臣组"和"帝组"，并分别进行评价。既给皇帝戴上了一顶高帽，称赞他的书法为"皇帝中的第一"，满足了皇帝的虚荣心，又维护了自己的尊严和品格。这番话令皇帝更加敬重他的风骨，觉得他不是那种一味阿谀奉承的小人。

果然，齐高帝萧道成听后，开怀大笑，再也没有追问两人究竟谁才是第一。

在语言表达中，有时直言不讳未必能达到理想效果，反而需要采取"迂回"的方式来实现目标。对于不便直言的问题，绕个弯儿表达，有时能够让自己化险为夷，收获意想不到的效果。善于运用这一技巧的人，既不得罪他人，又能实现自身意图，可谓做人处事的大智慧。

任何一种意思都可以含蓄而隐晦地表达。与人交谈时，言语不可过于直白，否则可能会引起对方的不快。因此，在与人交往的过程中，我们需要学会委婉表达，适当地"绕弯儿"说话，这样既能避免冒犯对方，也更容易赢得对方的好感。

给对方留足面子，避免让对方难堪

金无足赤，人无完人。每个人都有自己的缺点和不足。对于他人所犯的错误，如果你直接指出“你错了”，或者当众揭示他的缺点与不足，这无异于对他人尊严的挑战，这样很容易引发对方的反感甚至敌意。正如卡耐基所说：“直接批评是无益的，因为它会使人采取防御姿态，常常试图为自己辩解；直接批评是危险的，因为它伤害了一个人的自尊心，并可能激起他坚决的反抗。”

曾经有一个连队参与拍摄电影，由于某些原因少带了一件装备，导致拍摄工作被耽误。营长对此非常恼火，于是在全连战士面前严厉批评连长：“你是怎么回事？办事这么粗心，要是上了战场，也会把装备带不齐吗？”连长本就因疏漏而感到难过，听到营长当众如此严厉的指责，更是觉得颜面尽失，于是忍不住反驳道：“我没带是有原因的，你也不能不调查清楚就随便批评！”营长顿时愣住了，完全无法理解平日里一向顺从的连长为何会如此顶撞他。事后，营长与连长进行了一次深入的谈话，连长坦言道：“你当着那么多战士的面批评我，我以后还怎么开展工作？”

从这个事例中不难看出，如果营长选择在私下场合对连长进行批评，连长不仅不会生气，反而可能会虚心接受指正。营长的失误在于，他没有注意到说话的时机与场合。

直接指出对方的错误，实际上就是在批评对方。任何人都不喜欢被他人批评，即使他明白自己确实做错了。心理学家指出，这种现象很大程度上源于自我认同感的作用。当一个人被质疑或否定时，他会感到焦虑，认为自己的自尊受到了伤害，甚至觉得安全感受到了威胁。结果是，他会本能地拒绝承认自己的错误，即使他内心知道对方可能是对的。因此，当你试图说服某人，让他意识到自己的错误时，尽量不要直接指出对方的错误。

然而，很多人往往会忽略这一点，直接指出他人的不足，结果反而适得其反。在我们的日常生活中，经常会遇到一些让人烦恼的事情，但许多情况下，只要换一种表达方式，就可能轻松地达成目的。

自尊心是每个人的基本需求，任何人都没有权利贬低或伤害他人的自尊。在某些情况下，保住他人的面子显得尤为重要，尤其是在对方犯了错误或出现失误时。给人一个台阶下，为他人保留尊严，不仅是对他人的尊重，也有益于自己。

比如，有这样一个故事：

一位女销售员正在接待一位年近花甲的老人。老人挑选了两把牙刷，因销售员忙着接待另一位顾客，老人道谢后便离开了。这时，女销售员才意识到，老人还没有付钱。

她看到老人尚未走远，便略微提高声音，语气亲切地说道："夫人，您看……"老人听到后，以为自己落下了什么东西，便转身回到柜台前。销售员举起手中的包装纸，笑着说："夫人，真对不起，您看，我忘记给您的牙刷包装了。这样拿着，容易沾上灰尘，多不卫生呀。这可是入口的东西呢。"

说着，她接过老人的牙刷，熟练地为其包装好，一边包一边说道："夫人，这牙刷每支5美分，两支共10美分。"老人一拍额头，连忙说道："哎呀，您看，我忘了付钱了，真是不好意思！”

女销售员笑着安慰道：“夫人，我妈妈也和您差不多年纪了，她也总是忘这忘那的！”

这位女销售员巧妙地运用了一个小小的“迂回策略”，自然地将老人请了回来，并顺势将话题引导至牙刷的价格上。经过这样一点拨，老人立刻明白了其中的关键。

整个谈话中，这位销售员没有一句尖锐的指责，也没有提及未付款的问题。她的启发显得十分自然，引导更是巧妙得当。

俗话说得好：“人活一张脸，树活一张皮。”在人生旅途中，最难放下的莫过于面子问题。事实上，无论以何种方式指出他人的错误，即使只是一个轻蔑的眼神、不满的语气，或者不耐烦的手势，都可能让对方觉得丢了面子，从而引发尴尬甚至冲突的后果。不要指望对方能够欣然接受你的指正，因为这可能被视为对其智慧和判断力的否定，对其尊严和荣誉的打击，同时还可能损害双方的感情。他不仅不会改变自己的看法，还可能采取反击态度。因此，当需要指出他人错误时，应尽量委婉表达，注重方式方法，给对方保留足够的面子，这样才能更容易让对方心悦诚服地接纳你的意见。

第八章

做事之前先“做人”，处世之前先“懂事”

分享让你收获更多

所谓“分享”，是指个体与他人共同享受欢乐、幸福、利益等。它与独占和争抢行为相对立，不仅涵盖对物质和金钱等有形事物的分享，还包括对思想、情感、情绪等精神内容的交流，甚至涉及对义务和责任的共同承担。分享是在人类社会交往中形成的一种意识、一种能力、一种品质，也是每个人应具备的一种美德。

有这样一个故事：

一位农民从外地引进了一种小麦良种，种植后产量显著提高。这让他喜出望外，因为他成了村里人眼中的种田能手。然而，很快他又变得忧心忡忡。他害怕别人偷走他的良种，从而夺走他的那份骄傲和优势。于是，他千方百计地保守秘密，拒绝村民们提出的兑换小麦种子的请求。他独自享受着丰收的喜悦。

然而，好景不长。到了第三年，他发现自己的良种已经失去了原有的优良特性，变得和普通的小麦没有区别。又过了两年，他的麦子甚至还不如普通的种子，产量急剧下降，病虫害却大幅增加，导致他蒙受了巨大的损失。无奈之下，他带着自己的良种麦子跑到省城，向农科院的专家请教。专家听完他的叙述后告诉他，良种四周都是普通的小麦田，由于花粉的相互传播，良种发生了变异，其品质不可避免地下降了。

其实，很多人也会犯同样的错误。他们因为害怕与他人分享自己的成果，处处提防、故步自封，最终陷入孤立的境地。结果，不仅无法保持领先优势，还眼睁睁地看着自己的成果被市场淘汰，甚至遭受巨大的损失。

都说“同行是冤家”，这句话常用来形容人与人之间，或企业与企业之间竞争关系的主导地位。然而，从另一个角度来看，携手合作，共同分享，往往能够创造更大的价值。

当今社会是一个讲求团结合作的社会，没有人会欢迎自私自利、独占资源的人。生活中，爱吃独食的人常被视为小气鬼、一毛不拔的铁公鸡，这样的人注定难以获得朋友的支持；在职场中，独来独往的“独行侠”也很难赢得同事的信任与爱戴；在事业上，拒绝合作的人往往成为孤家寡人，注定难以得到生意伙伴的鼎力相助。因此，无论是经验还是成果，我们都要学会与他人分享。只有懂得分享、乐于分享、敢于分享，才能赢得他人的尊重与认可，从而让事业走向成功。

有一个故事讲述了一位想要了解天堂与地狱差异的人，他来到这两个截然不同的地方实地考察，却感到十分惊讶。天堂和地狱的环境竟然完全相同——人们坐在摆满饭菜的桌前，手里拿着长勺。然而，由于勺子太长，没人能将食物送到自己嘴里。不同的是，天堂里的人面带微笑，而地狱里的人却愁眉苦脸。原因在于，地狱中的人用长勺互相敲打，阻止他人吃到饭菜；而天堂中的人则用长勺盛满食物，先喂给对方。

这个故事生动地告诉我们，人活在世上，一定要学会分享与给予，养成互相关爱、互相帮助的行为习惯。只要学会分享，哪怕是地狱，也能化作天堂。

古语有云：“与君同行，分之即得之。”这句话的意思是，当你与他人同行，如果愿意与身边的人分享你的东西，那么你得到的将远远多于你失去的。在当今社会，“分享”已经逐渐成为商业活动中不可或缺的品质。分享不仅是现代人际交往的基础，更是提升生活品质的重要途径。

20世纪80年代，一家不起眼的五金公司成立了，老板是来自浙江的翟晓军。创业初期，公司仅有五名员工、两辆三轮车和三间简陋的门面房。既没有雄厚的资金支持，也缺乏市场知名度。为了在激烈的市场竞争中站稳脚跟，翟晓军提出了“一盒螺丝钉也送货上门”的服务理念。这种不计成本的经营策略很快见效，公司逐步打开了局面，客户数量也日益增多。

与此同时，意想不到的问题也随之出现。公司的客户基本上都是批发商，而这些人逐渐被“送货上门”的服务惯得懒惰起来。他们甚至指使翟晓军的员工帮忙将货品摆上货架，或者替他们将货物直接送到客户手中。一两次还可以忍受，但时间一长，员工们开始产生不满：“这些批发商太过分了，我们干活，他们赚钱，动动手指头就能把钱赚到手，所有的好处都让他们占尽了！”翟晓军听完后却毫不在意地说道：“把他们养懒了，我们才能有饭吃啊！”

有一次，一名员工将货物送到批发商的客户手中。搬完货后，这名员工掏出自己的名片递给客户，说道：“如果以后您需要进货，可以直接联系我。批发商都是从我们公司进货，我们的价格比他们便宜得多。”对方也是个生意人，见有利可图，自然乐意合作，两人一拍即合。回到公司后，这名员工以为自己办了一件好事，便把经过告诉了翟晓军。没想到，翟晓军听完后狠狠地训了他一顿。员工不服气，反驳道翟晓军太讲义气，不像一个能赚大钱的人。

翟晓军解释说："如果客户的钱都被你一个人赚走了，批发商没有钱可赚，人家还会愿意与你合作吗？做事不能太绝，别总想着一个人独吞利益。只有大家都有肉吃，你才能持续赚钱。目光短浅的人是干不成大事的！"就这样，翟晓军既赚到了钱，又赢得了人气，如今他的资产早已过亿元。

与人分享利益是获得成功的重要秘诀。主动与他人分享利益，可以赢得他人的信任、更多的业务伙伴以及未来更广阔的市场。一位知名企业家说："财聚人散，财散人聚。"当你愿意适当地分散自己的利益时，大家会更愿意与你合作。即使在你处于不如意的境地时，如果你一直坚持分享的心态，你的团队也不会离开你，因为他们相信，只要你有一口吃的，就一定会分给他们。这些看似简单的道理，很多人却未必能够做到。因此，我们一定要拥有分享的心态。只有学会分享和分担，才能获得他人的理解与支持，从而增强自身的竞争力。

宽容他人也是善待自己

当遭受他人冒犯时，许多年轻人往往带着怒气选择怨恨或报复。然而，为什么非要让自己因为愤怒而受折磨呢？为何不尝试用宽容与平和的态度来解决问题？宽容是一种心理成熟的表现，也是一种充满智慧的境界。"以恕己之心恕人则全交，以责人之心责己则寡过"告诉我们，对自己要严格要求，对他人则要宽容待之。宽恕他人，其实就是在善待自己。

法国著名文学家雨果曾说："世界上最宽广的东西是海洋，

比海洋更宽广的是天空，比天空更宽广的是人的胸怀。”自古以来，宽容一直是为人处世的重要准则。一个宽宏大量、与人为善的人，一定会受到他人的喜爱与接纳，赢得尊重，展现出独特的魅力，从而更有机会体验成功的喜悦；而一个总是以敌视的眼光看待他人，对周围的人心存戒备，心胸狭窄，处处提防的人，必然会因孤独而陷入忧郁与痛苦之中。

以下是一个发生在二战期间的故事：一场战斗结束后，两名战士与大部队失散，失去了联络。这两位战友在森林中艰难跋涉，试图寻找大部队的踪迹。他们在途中彼此鼓励、相互安慰。十多天过去了，他们依然未能与部队取得联系。两人在战场上相互照顾、共渡难关，这份深厚的情谊源于他们来自同一个小镇，是多年的挚友。

由于长时间无法与大部队取得联系，他们已经两三天没有吃到任何食物了。某天，他们猎到了一只鹿，靠着鹿肉勉强支撑了几天。然而，也许是因为战争的缘故，动物早已四散奔逃，或已被猎杀殆尽。从那以后，他们再也没有见到任何动物。仅存的一点鹿肉由一位年轻的战友背负着。

这一天，他们在森林边缘再次遇到了敌人。经过一场激烈的战斗，他们巧妙地避开了追击。然而，就在他们以为已经脱离险境时，饥饿感开始折磨着每个人。

忽然，一声枪响打破了寂静。走在前面的年轻战士中了一枪，子弹击中了他的肩膀，所幸并未伤及要害。后方的战友听到枪声，慌忙跑了过来。他因惊恐而语无伦次，抱着受伤的战友泪流满面，手忙脚乱地撕开自己的衬衣，为战友包扎伤口。

夜晚降临，未受伤的战士一遍遍念叨着母亲的名字，双眼呆滞，充满绝望。他们都以为，这或许是生命的尽头。尽管饥饿难耐，但身边那块鹿肉却无人动一口。

天知道，他们是如何熬过那漫长的一夜的。直到第二天，部队终于赶到，将他们救了回来。

一晃，事情已经过去了三十多年。那位受伤的战士说：“我知道是谁朝我开了一枪，他就是我的朋友。他去年去世了。在他抱住我的时候，我碰到了他发热的枪管。我怎么也想不明白，但当晚我就选择宽容了他。我知道他想独占我身上带的鹿肉以求活下来，我也明白他这样做是为了他的母亲。此后的三十年，我装作根本不知道这件事，也从未提及。战争太残酷了，他的母亲最终还是没能等到他回去。我曾和他一起祭奠过他的母亲。他跪下来请求我的原谅，但我没让他说下去。我们又做了二十几年的朋友，我没有理由不宽容他。”

“人非圣贤，孰能无过。”与人相处需要相互谅解，经常用“难得糊涂”来自我勉励，求大同存小异。拥有度量，能容忍他人，你就会结交许多朋友，且左右逢源，诸事顺遂。相反，如果斤斤计较、认死理，过分挑剔，容不得他人，别人就会避你远远的。最终，你只能关起门来“称孤道寡”，成为让人避之唯恐不及的人。

常言道：“海阔不如心宽，地厚不如德厚。”宽容是一种境界，也是一种智慧和力量。学会宽容别人，也是善待自己的方式。你在宽容他人的同时，也给予了自己一份内心的平静与释然。

宽容是处理人际关系、促进人与人及人与环境和谐相处的有效手段，是一个自然人向社会人转变的必备品质，也是社会人应有的良好性格之一。有时候，宽容可能只是一个极其微小的举动，或是一种能让仇恨在心底淡化的忍让。然而，往往就是这样简单而随意的一次善意之举，能够让你收获意想不到的回报。

宽容是为那些曾经伤害过我们的人着想而做出的行为，其最高境界在于心灵的净化与升华。宽容让我们感受到一种强大的内在力量。因此，一个人能够以宽容之心对待伤害自己的人，不仅能够化解和避免许多不必要的矛盾，还会产生一种温暖的自我完善感。这种感受可以消融内心的痛苦与烦恼，帮助我们修复友谊、重建爱情、促进事业发展。

春秋时期，齐国国君齐襄公被杀。他有两个兄弟，一个名叫公子纠，彼时身处鲁国（都城位于今山东曲阜）；另一个名叫公子小白，当时身在莒国（都城位于今山东莒县）。两位公子身边各有一位辅佐之人，公子纠的辅佐者是管仲，而公子小白的辅佐者是鲍叔牙。当两位公子得知齐襄公遇害的消息后，急于返回齐国争夺君位。

在公子小白回齐国的途中，管仲已派人马拦截。他亲自拉弓搭箭，瞄准小白射去。只见小白大叫一声，倒在车中。管仲以为小白已经身亡，便从容护送公子纠返回齐国。然而，公子小白实际上是假死。待公子纠和管仲进入齐国境内时，小白和鲍叔牙早已抄小路抢先一步赶回了国都临淄，并顺利即位成为齐国国君，即后来的齐桓公。

齐桓公即位后，立即下令处死公子纠，并将管仲押解回国都治罪。管仲被囚禁在囚车中送往国都时，鲍叔牙立即向齐桓公举荐管仲。齐桓公愤怒地说：“管仲曾用箭射我，想要我的性命，我怎么还能用他？”

鲍叔牙答道：“那时他是公子纠的师父，他用箭射您，正是出于对公子纠的忠诚。从才能上讲，他比我强得多。主公若想成就一番大业，管仲是不可多得的人才。”齐桓公为人豁达，听了鲍叔牙的建议，不仅没有治管仲的罪，还立刻任命他为宰相，委以管理国政的重任。

在管仲的辅佐下，齐桓公整顿内政，开发资源，使齐国逐渐走向富强。

齐桓公之所以能够成就霸业，关键在于他采纳了管仲的谋略。如果当时齐桓公没有宽容的胸襟，而是杀了管仲，就不会有后来的赫赫功绩。

可见，宽容是一种修养，也是一种境界。正如斯宾诺莎所言："心不是靠武力征服，而是靠爱与宽容征服。"面对他人的过错，若始终耿耿于怀、睚眦必报，必然会给自己的内心带来沉重的负担。而真正的仁者，则会选择包容与泰然。宽容的力量在于能够化干戈为玉帛，将敌人转化为朋友。

宽容展现了一个人的素养与气度，反映了其思想的高度。唯有智慧之人，才能在心中为他人留出一片天地。当你学会宽容他人时，也是在宽容自己；给予他人改过的机会，便是为自己赢得更广阔的空间。

站在他人的角度思考问题，自然更容易体谅他人

汽车大王福特曾说过："如果成功有什么秘密的话，那就是设身处地为他人着想，理解他人的态度和观点。这样不仅能够促进双方的沟通与理解，还能更清晰地把握对方的思维轨迹，从而做到有的放矢，直击要害，最终成为成功者。"这句话的核心思想在于学会换位思考。

生活中，许多年轻人在处理问题和与人交往时，总是从自身的立场出发，很少考虑他人的利益和想法，不懂得站在对方的角度为他人着想。这样一来，就很容易与他人产生矛盾，结下怨恨，对人际交往造成不利影响。事实上，如果你想与他人和谐相处，方法并不复杂。只需学会换位思考，站在他人的角度看问题，多为他人着想，许多事情就可能会出现转机，结果也许会截然不同。

某大学计划加强中文系的管理，教务主任决定新设三个客座教授的职位，并打算邀请国内的知名作家担任。他列出了一份包含数十位作家的名单，并逐一发函邀请他们应聘这一职位。为了增加职位的吸引力，校方不仅提供了丰厚的薪酬，还附加了多种优厚待遇。

然而，一个月过去了，应聘的作家寥寥无几，而且多为名单上排名靠后的几位。于是，教务主任在征得上级批准后，再次增加了其他优待条件，但作家们仍然要么直接拒绝，要么毫无回应。随后，某机构接受大学的委托，对这一情况进行调查。该机构通过电话联系了几位未回复的作家，很快明白了问题的根源所在。

虽然他们的说法各不相同，但意思一致。问题原来出在“应征”这两个字上。这些教授在社会上都是有实力、有地位的人，有没有这份工作对他们来说并不会产生太大的影响；即使他们有兴趣参与，最终也很可能会被淘汰，这对他们的声誉和地位而言是一种潜在的挑战，因此他们完全没有必要冒这个险。而教务主任对此却有不同的看法。

“应征”这个字眼并不带有任何负面含义，甚至在教务主任看来，被列为“应征”的候选者是一种殊荣，毕竟很多人连被邀请的资格都没有。此外，教务主任按照常规的思维方式认为，求职者看重的应该是能够获得的待遇，而这恰恰是那些“有头有脸”的作家所不屑追求的。

后来，教务主任放弃了寻找“应征者”的想法，转而挑选出他最想邀请的三位作家，并分别“邀请”他们“接受”客座教授的职位。最终，其中一人接受了邀请，而另外两人因为已有其他工作安排而婉拒。于是，教务主任另行邀请了其他人，最终成功凑足了三个名额，这些人也都是最初名单上排在前几位的作家。

在这个案例中，如果教务主任固执己见，仅从自己的角度考虑问题，而未能及时理解自己与作家们之间的价值观差异，恐怕就无法取得如此圆满的结果。

其实，人的认识难免受到主观因素等诸多条件的限制，如果不能突破这些条条框框，就很难获得正确的认知。以“换位思考”的方式与人沟通，可以帮助我们在一定范围和条件下克服这种局限性，即跳出原有的认知圈子，站在对方的角度和立场上观察、体会和分析问题，从而改变原有的不正确认知。

人生在世，凡事不妨将心比心，自己不愿意做的事情也不要强加于人，设身处地为他人着想。正所谓：“己所不欲，勿施于人。”站在他人的角度考虑问题，多一分理解，多一分真诚，生活会因此变得更加美好。这是人际交往中的黄金法则。

有这样一个故事：一个农民在田间劳作，感到非常辛苦，尤其是在炎热的夏天，更是苦不堪言。他每天去田里干活时都会经过一座庙，经常看到一个和尚坐在一株大树的树荫下，悠然地摇着芭蕉扇乘凉。他很羡慕和尚的悠闲生活。于是，他告诉妻子自己想去做和尚。妻子并没有强烈反对，只是说：“出家做和尚是一件大事，去了就不能回头。

我明天开始和你一起到田间干活，尽早把当前重要的农活做完，好让你早些去庙里出家。”从此，两人清晨一同出门，傍晚一同归家，中午妻子提早回家做饭，然后送到庙前的大树下，两人一起吃饭。日子过得很快，田里的主要农活完成了。选了一个吉日，妻子亲自送丈夫到庙里，并说明了来意。庙里的和尚听了，非常诧异，说：“我看你们夫妻俩，早晨同出，晚上同归，中午饭菜一起吃。家事有商有量，讲话有说有笑，恩恩爱爱。看到你们生活得这样幸福，我早就羡慕得想还俗了，你却反而想来做和尚？”结果，这位农民听后放弃了出家的念头。

在这个案例中，听到丈夫想去当和尚的想法，妻子没有立即表示反对，而是站在丈夫的角度思考问题，理解到丈夫追求的是一种舒适的生活状态。于是，她决定通过自己的实际行动去感动丈夫，最终甚至感动了和尚。丈夫这才意识到，自己的生活才是最幸福的，从而放弃了出家的念头。

在人际交往中，如果我们能够换位思考，站在对方的立场上看问题，往往会产生意想不到的效果。这样不仅能让对方感受到被尊重和理解，还能拉近彼此的心理距离，促进更深层次的沟通。一位作家在书中写道：“停下一分钟，将你对他人的冷漠与自己的热忱作一个比较，你会发现，人与人是如此相似！明白了这一点，你就可以像林肯、罗斯福一样，牢牢把握人际交往中唯一的原则。”换句话说，想要在人际交往中游刃有余，就需要学会站在他人的立场上思考问题。

换位思考不仅能使我们看问题更加客观公正，避免主观和片面，还体现了一种理解与关爱，更是人与人之间交往的重要基础。如果想要准确地理解他人，就需要通过换位思考的方式进行沟通。只有站在对方的立场上，才能更准确地理解对方的想法和心理状态，从而找到有效沟通的结合点，增强交流的针对性。如果只是一味强调自己的感受，而不体谅他人的想法，就很难走进他人的内心世界，也难以被他人真正接纳。这正是我们常说的“将心比心”的道理。

尊重身边的每个人

人际交往的核心在于对他人表示尊重。古人云：“尊人者，人尊之。”只有在尊重自己的交往对象时，交往对象才会尊重你。在互相尊重的氛围中，交往才能顺利进行。因此，人与人之间的交往应建立在真诚与尊重的基础之上。

“尊重”这个词听起来简单，做起来却并不容易。它是一种深厚的修养，是由内而外体现的人格品质，而这种品质需要长期的修炼和积累。

文艺界前辈夏衍先生可以说是尊重他人的典范。他在临终前感到十分难受，身边的秘书说：“我去叫大夫。”夏衍艰难地纠正道：“不是叫，是请。”随后便陷入昏迷，再也没有醒来。令人意想不到的是，这句简短而充满尊重的言辞竟成了他的临终遗言。他在生命的最后时刻依然坚持尊重他人，纠正秘书的措辞，这正是他一贯的处世风格。

真正的尊重他人，源自内心深处的敬意。这种尊重需要一个人具备良好的修养和丰富的人生阅历，才能真正理解并相信，人类生而平等。尊重他人，其实也是在尊重自己。

心理学研究表明，每个人都有被关爱和受尊重的需求，并且对友谊和尊重的渴望十分强烈。人们希望能够独立自主，成为家庭和社会中不可或缺的一员，并以平等的姿态与他人交往。如果你能够以平等的态度待人，对方会感受到尊重，从而对你产生好感；反之，若自以为高人一等，以居高临下、盛气凌人的方式与人相处，对方则会感到自尊心受到了伤害，并因此疏远甚至拒绝与你交往。因此，唯有相互尊重，才能实现彼此的认同与接纳。

有一家生意兴隆的蛋糕店，门前站着一位衣衫褴褛、身上散发着异味的乞丐。周围的顾客纷纷皱眉掩鼻，露出厌恶的神情。一名伙计不耐烦地喊道：“走开，别挡着！”然而，乞丐却掏出几张皱巴巴的小额钞票，小声说道：“我想买一个蛋糕，最小的那种。”

店老板闻声走过来，热情地从柜台里取出一个小巧精致的蛋糕递给乞丐，并深深鞠了一躬，说道：“感谢惠顾，欢迎下次再来！”乞丐受宠若惊地离开了。他从未感受过这样的尊重与礼遇。

店老板的孙子不解地问：“爷爷，你为什么对乞丐这么热情？”

店老板解释说：“虽然他是乞丐，但他也是我们的顾客啊。他为了吃到我们的蛋糕，不惜用很长时间讨来的那一点点钱，这实在难得。我如果不亲自为他服务，怎么对得起他对我们的这份厚爱呢？”

孙子又问：“既然如此，为什么还要收他的钱呢？”

店老板回答：“他今天是客人，不是来讨饭的。我们当然要尊重他。如果我不收他的钱，岂不是对他的侮辱？我们一定要记住，必须尊重每一位顾客，即使他是一个乞丐。因为我们的一切，都是顾客给予的。”小孙子若有所思地点了点头。

这个故事给了我们一些启示：与人相处时，无论别人的条件和身份如何，都应该给予尊重。真正的尊重不是划分三六九等，而是对每个人都抱有平等的态度。正所谓：“人不如己，尊重别人；己不如人，尊重自己。”无论何时，尊重别人和自我尊重同样重要。一个人只有懂得尊重别人，才能赢得他人的真正尊重。

尊重是人际交往的桥梁。没有尊重的交往是不可能长久维系的。哲学家威廉·詹姆斯曾说过：“潜藏在人们内心深处最深层次的动力，是想被人承认、想受人尊重的渴望。”渴望被喜爱、被尊敬、被崇拜，这是人类与生俱来的本性。然而，有所得必有所付。我们希望获得某些东西，就必须首先付出相应的努力。若想赢得别人的尊重，就需要我们每个人首先学会尊重他人。唯有如此，才能换取他人的尊重。

67岁的玛格丽塔·温贝里是瑞典一名退休的临床医学家，一天早晨，温贝里收到邮局送来的一张请柬，邀请她参加政府举办的一场以环境保护为主题的晚宴。

温贝里感到有些疑惑——自己只是一名医务工作者，与环境保护几乎没有直接关联，为什么会被邀请呢？她将请柬仔细阅读了几遍，确认上面确实写着自己的名字后，才放下心来。“看起来没有问题，我想我应该去。”于是，温贝里满怀欣喜地挑选了一套只有在重要场合才穿的套装，怀着愉快的心情赴宴而去。

赶到现场，温贝里不由得吃了一惊：参加晚宴的竟然全是政府高级官员。其中就有环境大臣莱娜·埃克——她们曾在其他活动中见过面。看到温贝里后，埃克先是一愣，随即露出最真诚的笑容说道：“欢迎您，温贝里太太。”接着，她热情地将温贝里引到相应的座位上。

晚宴期间，温贝里与政府要员们共同进餐，并认真聆听了他们关于环境问题的讨论和建议。她虽有些局促，却也不失礼貌。

宴会结束后，按惯例安排了拍照留念。埃克特意邀请温贝里坐在第一排的位置。就这样，温贝里度过了一个温馨而难忘的夜晚。

几天后，温贝里翻阅报纸时，无意间看到了自己参加晚宴的合影以及一则新闻报道：“政府宴请误发请柬，平民受邀却获隆重款待。”

原来，环境大臣埃克本计划邀请的是前任农业大臣玛格丽塔·温贝里。由于工作人员的失误，请柬被送错，送到了同名同姓的普通市民温贝里手中。对此，埃克在接受采访时说道：“无论她是谁，只要她来参加宴会，就应该得到应有的尊重和礼遇。”

读到这里，温贝里心头不由一热，敬佩之情油然而生。她由衷地感叹：埃克明知她只是一个“误闯者”，却未当场揭穿，反而给予了她与政府官员同等的尊重和礼遇。这份不动声色的体贴与宽容，足以让她铭记一生。

尊重的最高境界并不体现在轰轰烈烈的重大事件中。有时，越是微不足道的生活细节，越是自然流露的真情，越能彰显尊重的可贵。

每个人都有自尊，也都有被尊重的权利。如果你无法满足他人这一最基本、最简单的需求，那么对方很可能不愿与你交往。正如古语所言：“君子敬而无失，与人恭而有礼。”唯有尊重他人，才能赢得他人的尊重；唯有彼此尊重，才能实现互惠共赢。当你主动尊重他人，以真诚、温暖与鼓励相待时，他们也会用同样的方式回报你。

无诚则无德，无信则事难成

诚信是人们在公共交往中最基本的道德规范。它既是一种道德品质，也是一种公共义务，更是一个人在社会生活中立足的根本，是人之所以为人的重要品德之一。

俗话说："君子一言，驷马难追。"中国人自古以来就十分重视"信义"，并将是否守信视为衡量一个人人品的重要标准。"诚于中，必显于外。"心存诚意，言语自然真实可信；言语真实可信，行为自然谨慎得当。一个人如果能够长期坚持诚信待人、诚信处世，就会形成稳定的诚信人格。拥有诚信人格的人，往往能够赢得他人的普遍信赖。正所谓，自尊者人尊之，自敬者人敬之，自信者人信之，这正是人际交往中不可违背的规律。

莫言是首位获得诺贝尔文学奖的中国籍作家。有一次，他在瑞典学院发表演讲时，讲述了一个发生在他童年时期的故事。这个故事深刻地改变了他，使他学会了诚信待人。

莫言小时候家境清贫，他的母亲为人正直且质朴。有一次，莫言在菜市场帮忙卖白菜时，向顾客多收了一毛钱。他心想，一毛钱不算什么，多收了就多收了。算完账后，他便去学校上课了。

中午放学回家后，莫言被母亲叫到身边。母亲语重心长地告诉他，她已经知道了他多收顾客钱的事情。母亲一边说着，一边伤心地流下了眼泪。尽管如此，她并没有责骂莫言，而是轻声说道："儿子，你让娘丢了脸。"

这件事让莫言感到无比后悔，并深深地影响了他。从那时起，他便牢牢记住了诚信为人的道理。

后来，莫言走上了文学创作之路，他将从母亲身上获得的影响融入了自己的文学作品《卖白菜》中。这部作品通过回忆一段辛酸的往事，塑造了一个坚强、自尊、朴实、讲诚信的母亲形象。

诚信是为人处世的根本。在与人交往的过程中，每个人都应坚持诚实的原则，信守自己的承诺。只要答应了别人的事，就要尽自己最大的努力去履行诺言。

无论身处何地，诚信始终是一种值得称颂的美德。自古以来，诚信就是人类社会活动的重要评价标准之一。所谓“诚者，信也；信者，诚也”，诚信不仅是做人的基本准则，更是最起码的道德修养。为人以诚，待人以信，这不仅体现了个人的内在品质和精神追求，也是人际交往的基本原则。一个人若想在社会中立足，就必须具备诚实守信的品德。

然而，随着社会的不断进步和经济的飞速发展，诚实守信的观念反而在一些人心中逐渐淡薄。这不能不让人感到忧虑。一些人把出尔反尔、尔虞我诈当作炫耀自己“精明”的资本，而那些始终恪守诚信原则的人，却常常被讥笑为“傻子”。实际上，坚持诚信原则才是做人之根本。唯有做到诚实守信，才能无愧于心，真正赢得他人的尊重与信赖。

张某常向别人炫耀自己人脉广，但知情的人却说，张某虽然认识的人不少，却没有什么真正的朋友，人缘极差，这都是因为他不守信用导致的。刚开始，每个人认识他时，都觉得他既热情又大方，人品不错。然而，和他相处一段时间后，便发现他实际上是一个“空头支票机”，几乎从不兑现自己的承诺。

例如，有一次，他的朋友一家计划在十一期间去张家界旅游。由于担心到时人多订不到机票，朋友便打算通过服务公司购买高价票。张某知道后对朋友说：“订什么高价票啊！跟我说一声不就行了？我有个同学在机场做地勤，我让他帮你们留几张。不过因为那时机票紧张，能不能打折我就不敢保证了！”朋友听了非常高兴，连忙说：“哪儿还指望打折呀！能按正常票价买到就不错了，而且我也不用跑来跑去，在家等着就行！那这事儿就拜托你了，回来后我请你吃饭！”张某满口答应。

然而，十一将至，朋友给张某打电话询问机票的事，张某这才慌了神。原来，他当时只是随口一说，根本没帮忙办这件事。他只能含糊地回答：“哦，这事儿啊！我忘了告诉你了。我问过我同学了，他说实在不好留票，还是让你们自己想办法吧。”朋友一听，气得差点晕过去。眼看就到十一了，这时候去哪儿还能订到票？最终，朋友一家哪里也没去，只能在家里度过了整个黄金周。

类似的事情发生多了，朋友们渐渐看透了张某的为人，因此再也不相信他了。久而久之，张某的人缘也变得越来越差。

张某人缘不佳，完全是由于他不守信用所导致的。古人早已有“一言既出，驷马难追”的告诫。我们在交友和处世中，更应以此为戒，做到言而有信，经得起时间和实践的考验。一是一，二是二，不能今天说这样，明天又说那样；也不能只说不做，空谈漂亮话。言而无信，不仅会损害他人，最终也会伤害自己。因此，我们必须做到言而有信，对自己的言行负责。

人离不开交往，而交往离不开信用。“小信成则大信立”，无论是做人还是做事，诚信都是不可或缺的品质。一个讲诚信的人能够做到言行一致、表里如一，人们可以根据他的言论来判断他的行为，从而进行正常的交往。相反，对于一个不讲信誉、前后矛盾、言行不一的人，则很难预测他的行为动向。

有一家私营企业的老板，在创业之前一贫如洗、家徒四壁。然而，当他决定创办工厂时，邻里亲朋却毫不犹豫地纷纷借钱给他，凑齐了几万元的启动资金。对此，有人不禁感到疑惑：为什么会有那么多人愿意把钱借给一个没有明显偿还能力的人？难道他们不怕损失吗？事实上，这个老板虽然家境贫困，但他为人讲信用，从不失信于人，正是这种品质赢得了大家的信任。

很多年以前，他曾与一位朋友打赌，谁输了就要把一大堆石头搬运到一公里之外的地方。结果，他输了赌，但他信守承诺，愿赌服输，将那堆堆积如小山般的石头一一挑到了约定的地点。当时，所有人都以为这场打赌不过是玩笑，两人无论谁输都不会当真。然而，这个人却坚持道：“既然打了赌，就必须兑现。”他断断续续用了三个月的时间，才将石头全部搬完。人们因此对他十分敬佩，无不称赞他是一个诚实守信的人。大家都认为，把钱借给这样的人，还有什么不放心的呢？

只有守信的人，才能赢得别人的信任。只有做到一诺千金，事业才可能蒸蒸日上，发展壮大。上述例子中的这位老板用实际行动证明了这一点：一个人若诚实守信，自然能得道多助，赢得他人的尊重与友谊。反之，如果为了眼前的安逸或一点小便宜而失信于朋友，表面上似乎占了“便宜”，实则毁了自己的声誉。而相比于物质利益，声誉的重要性显然更为突出。因此，失信于朋友，无异于“捡了芝麻，丢了西瓜”，得不偿失。

诚信是人生的通行证，是成功的敲门砖，更是做人处事的根本。诚信待人，它会点燃生命的明灯，生活也不会亏待那些讲诚信的人。我们应以此为座右铭，不断激励和鞭策自己，努力成为一个诚信正直的人。

吃亏是一种隐性投资

在中国传统思想中，有“吃亏是福”的说法。这是一种哲人总结的人生观，同时也是一种利益交换的哲学，即以眼前利益的暂时损失换取长远的回报。每个人都不愿吃亏，这是人之常情。然而，在某些利益的取舍中，出于大局的考虑，我们往往不得不做出让步，并且心甘情愿地让他人得到好处。这种“吃亏”的精神，实际上是一种变相的“给予”。而这种“亏”最终会以另一种更好的形式回馈到我们的生活中，那便是——人缘。

新东方学校的创始人俞敏洪曾讲述过他大学时的一段吃亏经历。

当时，他在大学宿舍每天主动打扫卫生，一干就是四年，以至于他们宿舍从来没有制定过卫生值日表。不仅如此，他还每天提着水壶为同学打水。在别人看来，这种行为未免显得有些“傻气”，但俞敏洪却将其视为一种体育锻炼，从不觉得自己吃亏。有时候，他偶尔忘记去打水，反而会被同学询问为什么还没去打水。就这样，俞敏洪坚持为同学打了四年的水。

十年后，新东方的发展需要合作者，俞敏洪前往美国和加拿大寻找当年的同学。为了吸引他们回国，俞敏洪在美国表现得十分慷慨，花费颇多，试图让他们感受到在中国也能有丰厚的收益。最终，这些同学回来了，成为他事业的重要助力。然而，他们给出的理由却让人颇为意外。他们说：“俞敏洪，我们之所以回来，是因为你过去为我们打了四年的水。我们相信，你有这样的精神，自己有饭吃，肯定不会不给我们喝粥。”可以说，如果没有那四年甘愿吃亏、为人服务的经历，就不会有今天的新东方教育科技集团。

“吃小亏，占大便宜。”事实上，如果一个人能够平心静气地接受吃亏，展现宽广的胸襟，往往能够赢得他人的信任与好感，积累宝贵的人脉资源，从而获得人生的成功。

在现实生活中，愿意主动吃亏的人实在太少。这不仅是因为人性中的弱点让人难以拒绝眼前的利益，更是由于许多人缺乏长远的战略眼光，无法舍弃眼前的小利去争取更大的回报。华人首富李嘉诚曾说过：“有时看似是一件吃亏的事情，往往会变成一件对自己极其有利的事情。”这正是“吃亏是福”的深刻含义，也是现实生活中的得失之道。小处吃亏，大处获益；眼前吃亏，长远受益。如果能够将个人的得失置之度外，便能以从容的心态对待周遭的人与事，从大局出发，着眼长远利益——这是智者的选择。

王林是一名刚毕业的大学生，受聘于国内某知名出版社担任编辑。他不仅文笔出色，还工作积极主动。当时，出版社正在策划编辑一套大型工具丛书，工作繁重，但社长并没有增派人手，因此编辑部的员工被安排到发行部和业务部协助工作。然而，整个编辑部只有王林接受了社长的指派，其他人仅仅去了一两次便开始抱怨，甚至有人嘲笑王林“太傻，做无用功”。对此，王林却乐观地说：“吃亏就是占便宜嘛！”表面上看，他确实没有占到什么便宜——他帮忙包书、送书，完全像个苦力工；之后又被派到业务部，参与直销工作；甚至连取稿、跑印刷厂、邮寄文件等琐碎的工作，只要有人开口，他都毫不推辞。每当被问及，他总是笑着说：“吃亏就是占便宜嘛！”

两年后，王林创办了一家出版公司，生意蒸蒸日上。原来，他在吃亏的过程中，将一家出版社的编辑、发行和直销等工作都摸透了。他确实从中受益匪浅。

吃亏未必就是损失。有时候，吃亏不仅能带来经验的积累，还能为你赢得良好的人际关系和宝贵的机遇。

吃亏是一种福气，关键在于心态，在于不计较眼前的得失。在生活中，懂得吃亏的人才是真正的智者。对于“吃亏是福”这句话，我们不能仅仅将其视为一种口号，而应在关键时刻拥有敢于吃亏的气度。这不仅体现了宽广的胸怀，也是成就大事业所必备的素质。每一次吃亏，实际上都是为自己积攒一份人情债。起初的吃亏，往往是为了着眼于更大的目标。在关键时刻能够坦然接受“吃亏”，甚至主动承担损失，才是真正的赢家。

美国连锁零售业巨头罗伯特·斯佩克特出生于一个贫困家庭。他虽未受过良好的学校教育，但家庭的熏陶让他学会了无私奉献。在他二十多岁时，父亲为他找到了一份洗车行学徒的工作。这份工作十分辛苦，是许多年轻人不愿意做的。然而，斯佩克特却毫不犹豫地接受了这份工作。

在洗车行工作时，同事们告诉斯佩克特，有一位老先生非常让人头疼，因为他不仅从未给过小费，还总是喜欢占便宜，提出一些额外的要求。后来，斯佩克特果然遇到了这位让大家避之不及的老先生。当老先生要求他仔细清理自己的汽车时，斯佩克特认为这是自己的本职工作；而当老先生让他帮忙跑腿买饮料时，斯佩克特也觉得，自己年轻，多走几步路也无妨。

就这样，斯佩克特对老先生的每一个无理要求都尽量满足，甚至还完成了不少额外的工作。同事们都嘲笑他太过老实，觉得他吃了太多亏。然而，过了一段时间，这位老先生却突然向斯佩克特发出邀请。原来，他是一位连锁零售店的老板。他注意到斯佩克特身上那种不怕吃亏、甘于付出的精神，哪怕被人占了便宜，他也依然乐于为他人服务。

斯佩克特因为不断努力而获得了一份相当不错的工作机会。从此，他进入了零售行业，成为了老板最为信赖的员工。他还将这种不畏付出的精神发扬光大，通过各种让利活动为经销商创造了可观的利润。表面上，他所经营的零售商场比其他商场赚得少，在与经销商的交往中也时常显得吃亏，但蜂拥而至的顾客使他的销售总量逐年攀升，最终奠定了他在美国零售业中的主导地位。

“吃亏是福”，因为人性本趋利。你适当吃点亏，让他人获益，便能最大限度地激发他们的积极性，从而助力事业的兴旺发达。当然，让他人占便宜并不意味着随时随地都要吃亏。吃亏是有学问的，也需要技巧。我们要学会在适当的场合吃亏，并且要让对方明白你的付出，这样才能让他们心存感激。积累了人缘之后，当你有需要时，对方才会尽力相助。

总而言之，“吃亏是福”是一种智慧的处世之道。我们需要调整心态，坦然接受“吃亏”，以便在人生旅途中更加顺利地前行。